浦睿文化　出品

茶之基本

周重林 著

岳麓书社

茶之基本

目录

前言

茶人的修养

—— 来自陆羽《茶经》的启示

　　陶渊明不懂音律，但他觉得琴雅，家中有一张无弦琴，每次喝完酒，便在无弦琴上来回拨，乐琴书以消忧。对来访的客人，不论是谁，只要有酒，他一定摆酒待客。他如果先喝醉了，就告诉客人说："我醉了，要去睡个觉，你可以走了。"

　　自孔夫子倡导琴有助于乐教以来，后世许多不弹琴的士大夫家里，也会摆放琴以体现自己对教养的重视。

　　苏东坡不解棋，却喜欢听落子声。在古松流水间，听棋敲盘，自怡自得。吕行甫不会书写，但喜欢藏墨。东坡说，蔡襄老病不能饮茶，但经常烹茶玩玩。

　　日本汉学家青木正儿观看明末清初王铎的书法，胸中会涌起一股和谐愉悦之情。明人作画，多为稻粱谋，祝枝山、唐伯虎、徐文长都把书画换作了酒钱，这可悲么？

也许并非如此。王铎说用自己卖字换的钱，买了米养家，所购之墨却很糟糕，加上写字的时候，孩子在一边玩耍，大哭大闹，就有些烦，但书写还是要继续下去，是不是？

我们总是以为，琴棋书画沾不上半点烟火气息，但王铎的现实却是大部分人的现实。并非在深山、在松涛云影中挥洒出来的才是艺术。想想，现在中年的写作者，哪一个不是在王铎的状态下创作呢？

现实中，还有更过分的：

"你所做的事情到底有什么用？"

"又不能当饭吃！"

远在一千多年前，《历代名画记》的作者张彦远（815—907）就面对过这样的处境，家人抱怨他为了收藏书画，弄得破衣粗食："终日为无益之事，竟何补哉？"

张彦远回答说："若复不为无益之事，则安能悦有涯之生？"

当代美术史家范景中评价张彦远的这十六个字，并揣摩出非常重要的发现："似乎是整个文明史上第一次对艺术表达了一种超物质目的的观念，暗示出一种伦理的哲学：艺术是一切人类成就的典范，因此可以修正道德价值的尺度；简言之，艺术由于可以净化身心，因此能够成为对抗野蛮、对抗低俗的解毒剂。"

张彦远从爱好到痴癖，"每清晨闲景，竹窗松轩，以千乘为轻，以一瓢为倦，身外之累，且无长物，唯书与画犹未忘情"。

读书人，正是在俗事缠身之中，才把琴棋书画发展成从器而道的精神史。琴棋书画既是物质的，又是精神的，更是脱俗的。

青木正儿在考证中国"琴棋书画"起源的时候说："粗略回顾一下这一自成体系的熟语的变迁，四者都作为文雅艺术，被约定俗成地暗指为知识阶层的精神史。最早被开始熟用的是'琴书'一词，'书'所指的'书籍'大约是其原义。读书累了则鼓琴解闷，这一生活常态大概是产生这一熟语的原因。读书本是知识分子的主要特长，作为第二特长，学琴就成了最受重视的风习。这从'琴书'并称自可窥见。后来，'琴书'的'书'意谓书艺，反映了书法成为紧继琴艺后与知识分子密不可分的生活内容而广受重视。于是同气相求，琴艺邀请了棋艺，棋艺招徕了画艺，至此琴棋书画并称，一起代表着知识分子的雅游。"

在唐代，比张彦远早一些年出生的陆羽（733—约804），同样在为知识分子的痴癖做努力。然而茶与画相比有着很大的不同，陆羽所面对的困难是，茶在当时还只是某种提神的小众饮品，因为僧人的推广才流行起来。封演在《封氏闻见记》里说，开元年间，泰山灵岩寺有位称降魔师的和尚大力提倡禅宗，和尚们坐禅时不能打瞌睡，不吃晚饭，但可以喝茶。和尚们各自携带着茶，到什么地方都煮茶喝。从此，人们互相仿效，喝茶就成了风俗。从邹、齐、沧、棣等州，直到京城，城镇里大都开设店铺煮茶卖，不管是僧道，还是世俗之人，都付钱取茶喝。茶叶从江淮一带运来，运茶的车船接连不断，存放处的茶叶堆积得像小山，品种数量很多。

在陆羽所处的时代，诗人对茶的书写远远不及画的万分之一。陆羽如果要把泡茶、品茶升格为高雅的艺术，至少要做到以下两点：

一、茶作为一种来源很正统的饮品，能被雅文化的主要群体普遍接受。

二、赋予茶教化的意义，能够让人"附庸风雅"。

陆羽首先做的事情是为"茶"正名，从"荼""槚""茗""荈""蔎"这样的称谓中寻找"茶"的家族渊源，使世人相信茶有其历史，而不是训诂学家设下的思维陷阱。紧接着，陆羽追忆了在品茶链上的人，远追神农、伊尹，近溯杜育、王肃，饮茶史也就徐徐展开。

槚，《尔雅》解释说是"苦茶"，郭璞在为《尔雅》中的"槚"作注时，加了一句："早取为茶，晚取为茗，或一曰荈，蜀人名之苦茶。"小字一行，让茶的身份因时令而明确起来，"茗"是茶的芽，而"荈"是茶的老叶。陆羽对这些字做了详细的区别，"其味甘，槚也；不甘而苦，荈也；啜苦咽甘，茶也"。

历代都有人根据只言片语来寻找茶曾经留给生活的痕迹，但都远远不及杜育《荈赋》所带来的这种格局，不如其令人满心喜悦。

灵山惟岳，奇产所钟。瞻彼卷阿，实曰夕阳。厥生荈草，弥谷被岗。

承丰壤之滋润，受甘霖之霄降。

月惟初秋，农功少休，结偶同旅，是采是求。

水则岷方之注，挹彼清流；器择陶拣，出自东瓯；酌之以匏，取式公刘。

　　惟兹初成，沫沈华浮，焕如积雪，烨若春敷。

　　若乃淳染真辰，色殨清霜，□□□□，白黄若虚。调神和内，
倦解慷除。（□为佚文）

　　《荈赋》完整的叙述，奠定了陆羽茶学的基础，《荈赋》记载了
茶的生长环境、种植的地理条件、采摘时令、泡茶的人群、茶具、
茶汤的颜色以及品茶的感受，最后以茶的功效结尾。

　　晚摘为荈，吃的是叶子，而不是茶芽，这是时令。《荈赋》为
饮茶做了许多开创性的工作：强调天然地理环境的重要（灵山、卷
阿、丰壤、甘霖）、泡茶工具的选择（陶简、公刘匏），细致描写了
茶汤的特点（华浮、积雪、春敷、清霜），择水（岷方之注、清流），
功用（调神和内）。

　　唐之前的饮茶史，陆羽耗费了很多时间去考证，但那些只言片
语只能缝补出一个小章节。杜育是开拓者，而陆羽是集大成者。《茶
经》甫一面市，就获得了极大的关注。陆羽还在世的时候，就被尊
为"茶神"，被卖茶人供奉，与他的偶像、厨神伊尹一道调剂着华
夏饮食的神经。

　　陆羽对茶的第二大改造在于工具。因为艺术依赖于工具，工具
又会在不同的人手中发挥出截然不同的效果，这些工具就是后世总
结的"陆氏二十四器"，也是陆羽真正的创造。

　　茶之法皆在二十四器中，这是封演在唐代的认知，也是我们今

天的认知。这些器具来自厨房、酒桌、祭台、书房，但经过陆羽的改造后，都只有一个名字：茶器。这太容易理解了，书画需要笔墨纸砚，对弈需要棋子与棋盘，弹琴需要琴与琴台。传闻琴亦是神农所作，长三尺六寸，象征三百六十日；上圆下方，法天地。《白虎通》说："琴以禁制淫邪，正人心也。"陆羽规制茶的器具，以饮茶来倡导君子之风，"精行俭德"，"目击而道存"。

二十四器的规模就足以令普通家庭望而生畏，注定了这只能是大户人家的配备。这些全新的茶器，因茶而生，是为把茶从世俗的吃法中解放出来。具体说来，《茶经》里记录的各种饮茶法，都可以简单归纳为两种：混饮与清饮。混饮，就是把茶与其他吃的混在一起煮，是谓"茗粥"，吃茶是为了补充热量。清饮就是只饮茶，茶是唯一的主角，饮茶为了提神。

在饮茶之前，陆羽会把绘有茶源、茶具、制法、茶器、泡法、茶事与产地的挂画准备好，让来的人知晓茶的来源、茶器的用途，引导大家去欣赏茶饼，教大家体会茶味层次。听起来很耳熟，对吗？这个场景就像今天的人去参加的某场茶会，陈列展架、产品以及产品手册都会告诉你茶产自何处，主持人会引导观众充分感受茶滋味……这些方式方法，其实都是陆羽的遗产。如今产茶地多了很多，制茶法变了很多，但核心的仪式从未发生过变化，这当然是陆羽了不起的地方，他贡献了一整套认知茶的方法论。

《茶经》是什么？就是茶的秩序。陆羽说某地的茶好，我们便说某茶地的茶好。陆羽说喝茶最好三四人一桌，我们便三四人一桌。

他说要先赏茶，于是我们赏茶。他说要赏器，于是我们赏器。他说要鉴水，于是我们鉴水。他说茶有回甘才好，于是回甘成为我们品茶的重要感受。

陆羽生在一个酒气冲天的唐代，他的同道并不多。与他唱和最多的皎然，是个和尚。和尚爱茶，最根本的动因是寺院禁酒，茶这种比中药药饮更有瘾头及品饮价值的植物才被空前放大，喝茶可以使人坐禅的时候不打瞌睡。

皎然宣称："俗人多泛酒，谁解助茶香。"俗人饮酒，雅士喝茶，这是新名士论。郑板桥有一副对联说："从来名士能评水，自古高僧爱斗茶。"这都是对陆羽茶道艺术的有力回应。封演在《封氏闻见记》里说，士大夫阶层饮茶之风，始于陆羽。"楚人陆鸿渐为《茶论》，说茶之功效并煎茶炙茶之法，造茶具二十四事以都统笼贮之。远近倾慕，好事者家藏一副。有常伯熊者，又因鸿渐之论广润色之。于是茶道大行，王公朝士无不饮者。"

陆羽之后的"茶"，确实变成了一门艺术，成为与"琴棋书画"相匹配的雅文化。扬之水在《"琴棋书画"图演变小史》里说，"琴棋书画"四事合成经历了数百年的时间，风气肇始于宋代宫廷。王明清在《挥麈录》中提到，皇宫会宁殿有八阁东西对列，每阁各具名称，分别是琴、棋、书、画、茶、丹、经、香，宋高宗以雅文化怡情养性，并在宫廷教授相关技术，宫女的基本修养全在"八术"，正所谓"伊朱弦之雅器，含太古之遗美"。

"喝茶便雅"是宋人常见的观点，宋徽宗号召有钱人多喝点茶，脱脱俗气，"天下之士，励志清白，竟为闲暇修索之玩，莫不碎玉锵金，啜英咀华，较箧箧之精，争鉴裁之别"。为此，他专门写了一本喝茶指南《大观茶论》。

明皇子朱权，为了喝茶，专门发明了煮茶灶台，同样写了一本茶书，在南昌大兴茶道。明代江南的士大夫，则在美轮美奂的私家园林里，专门修建了精舍品茶。如今去逛苏州园林，昔年泡茶的场景犹在。清代的茶馆发展成遛鸟看戏的游乐场，曹雪芹不得不安排妙玉现身，教一教贾宝玉这样的世家公子，怎么喝才不糟蹋茶。但品味又怎么能短时间内培养得起来？

晚清时候，"打茶围"已经成为找妓女的代名词，民国年间胡适不得不在"打茶围"后，做出特别解释。去茶室喝茶不再是雅事，周作人只好把自己喝苦茶的家命名为"苦雨庵"。流浪在湖南的闻一多，写信抱怨说连日都在喝白开水，没有茶的日子难熬。到了台北的梁实秋，再也喝不到自己心爱的龙井茶，他摇头离开茶店。在北京的时候，梁实秋与闻一多到冰心家做客，发现连茶烟都没有，于是出门买。梁实秋意味深长地告诉冰心，一个读书人的家里，不能没有烟酒茶。这听起来，有点陶渊明在家置琴的意思。

在唐代，陆羽的茶艺还是前卫艺术，但在现在，品茶艺术已经深入人心，重提陆羽，是重拾断了很久的茶雅传统。因为，眼下的茶室几乎都变成了麻将馆的代名词。数年前，父母听说我开了茶室后，居然一夜都没有睡好，非得来昆明亲眼看到没有麻将桌才安心。

日本美学大家冈仓天心在《茶之书》（1906）里批评说，近代中国茶不过是一个很美味的饮品而已，与人生理念毫无关系。中国人长久以来苦难深重，已经被剥夺了对生命探寻的意义，他们变得暮气沉沉，注重实际，不再拥有崇高的境界，失去青春与活力的想象，失去了唐代的浪漫色彩，宋代的礼仪也没有了，庸俗不堪。

日本禅学家铃木大拙遭遇的质疑，与一千年前张彦远遇到的并没有什么不同。

"喝茶不过是小事一桩，与灵性境界有什么关系？"

"喝茶与令人讨厌的玄学思辨有何联系？"

"茶就是茶，还能是什么？"

"把茶变成某种奇怪的艺术有什么意义呢？"

铃木大拙反问说，我们都知道有生必有死，那么何必那么隆重地搞葬礼、搞婚庆？

为什么要小题大做？我们视为庄重之事，为之举行隆重仪式，是因为我们想这样做。那一个个场景，有些让人激动，有些让人沮丧。

"当我坐在茶室喝茶的时候，我是把整个宇宙喝到肚子里，我举起杯子之刻即是超越时空的永恒。谁说不是呢？茶道所要告诉我们的，远比保持万物的平衡，使它们远离污染，或者单纯地陷入宁静深思的状态要多得多。"

然而，从生命内在意义来说，一秒钟和一千年都一样重要。

陆羽说，天育万物，皆有至妙，人能做的，非常少。到了他那个时代，已经有人盖了最好的房子，缝了最好的衣服，酿了最好的酒。他还能做什么呢？

茶是上天留给陆羽的，他自然就要做到最好。他一口气说了九个"非"，茶有九难，茶不在这一边，在另一边。

　　另一边就是工夫，就是修养。

一
之
源

原文译注

　　茶者，南方之嘉木也。一尺、二尺乃至数十尺。其巴山峡川，有两人合抱者，伐而掇（duō）之。其树如瓜芦，叶如栀子，花如白蔷薇，实如栟榈（bīng lú），茎如丁香，根如胡桃。瓜芦木出广州，似茶，至苦涩。栟榈，蒲葵之属，其子似茶。胡桃与茶，根皆下孕。兆至瓦砾，苗木上抽。

　　南方有嘉木。树高在一尺二尺，乃至数十尺。在川东鄂西一带，有两人合抱起来那么粗，需要把枝条砍下来才能采摘。茶树长得像皋卢，叶犹如栀子，花宛如白蔷薇，果实与棕榈相似，树干接近丁香，树根仿佛核桃根。瓜芦产自广州，外形如茶一般，十分苦涩。栟榈与蒲葵相似，种子像茶籽。胡桃与茶都是根系不断往下伸展，直到砾土层，苗木才向上抽条生长。

　　其字，或从草，或从木，或草木并。从草，当作"茶"，其字出《开元文字音义》；从木，当作"搽"，其字出《本草》；草木并，作"荼"（tú），其字出《尔雅》。**其名，一曰茶，二曰檟（jiǎ），三曰蔎（shè），四曰茗，五曰荈（chuǎn）。**周公云："檟，苦荼。"扬执戟云："蜀西南人谓荼曰蔎。"郭弘农云："早取为茶，晚取为茗，或一曰荈耳。"

"茶"字，或从"草"部，或从"木"部，或草木两部首兼从。从"草"部，应当写作"茶"，这个字出自《开元文字音义》。从"木"部，应当写作"榬"，这个字出自《本草》。草木两部首兼从，应当写作"荼"，这个字出自《尔雅》。茶的名称：一叫茶，二叫檟，三叫蔎，四叫茗，五叫荈。周公说："檟，就是苦荼。"扬雄说："成都西南部的人将荼称为蔎。"郭璞说："早采的为茶，晚采的为茗或者荈。"

其地，上者生烂石，中者生砾壤，下者生黄土。[1] 凡艺而不实[2]，植而罕茂，法如种瓜[3]，三岁可采。野者上，园者次。阳崖阴林，紫者上，绿者次；笋者上，牙者次；叶卷上，叶舒次。

1　烂石、砾壤、黄土，由大而小，由粗而细。陆羽认识到，茶树是先长根后长枝，如果雨水太多，树根易泡烂，这也是茶树在沙砾之地以及在有坡度的地方长得较好的原因。黄土是细土，易积水，易结块，需要经常松动。

2　"艺而不实"的"实"，吴觉农《〈茶经〉述评》认为是土壤"紧实"，张芳赐等《〈茶经〉浅释》认为是"果实"，也就是茶籽。我认同张的观点。

3　种瓜法就是穴种法，先把地弄平整，挖个小洞，铺上肥料，后放几颗瓜种，再盖上一层薄土，浇上水，便成。

阴山坡谷者，不堪采掇，性凝滞，结瘕（jiǎ）疾。

茶树生长的土壤，上者生烂石，中者生砾壤，下者生黄土。

但凡种植茶树，要用实生种子，移栽的植株很少能生长得茂盛，按照种瓜的方法种茶，三年即可采摘。

野生茶树为上，茶园种植的为次。生长在向阳山坡并有树林遮阴的茶树，芽叶呈现紫色为上，绿色为次；形如笋的为上，牙状为次；叶面背卷为上，叶面舒展为次。生长在阴面坡谷的茶树，不值得采摘，因其性状凝滞，饮后容易患上腹中结块的病。

茶之为用，味至寒，为饮最宜。精行俭德之人，若热渴、凝闷、脑疼、目涩、四支烦、百节不舒，聊四五啜（chuò），与醍醐（tí hú）、甘露抗衡也。

茶的效用，因其性属寒，作为饮品最合适。心行洁净、俭以养德之人，如果感到体热、口渴、胸闷、头疼、眼涩、四肢无力、关节不舒服，喝上四五口茶，可以与饮醍醐、甘露相媲美。

采不时，造不精，杂以卉莽，饮之成疾。茶为累也，亦犹人参。

上者生上党，中者生百济、新罗，下者生高丽。有生泽州、易州、幽州、檀州者，为药无效，况非此者？设服荠苨（jì nǐ），使六疾不瘳（chōu），知人参为累，则茶累尽矣。

　　采摘不按时令，制作不够精细，混杂着其他杂草，饮用这样的茶会生病。

　　人会受累于茶，这与选择人参道理一样。上等的人参生长在上党，中等的人参生长在百济、新罗，下等的人参生长在高句丽。有一些生长于泽州、易州、幽州、檀州的人参，作为药物没有功效，何况连这些都不是的呢？假设服用的是地参，那么疾病就不能痊愈。知晓人参之累，就能知晓茶叶之累。

大茶树过去长满华夏大地

陆羽时代，大茶树不少，因为树太高，人够不到叶子，便直接砍树，现在云南有些地方也是如此。宋代地理志书《太平寰宇记》里记载："泸州之茶树，夷獠常携瓢置，穴其侧。每登树采摘芽茶，必含于口，待其展，然后置于瓢中，旋塞其窍。归必置于暖处。其味极佳。又有粗者，其味辛而性熟。彼人云：饮之疗风。通呼为泸茶。"有一年，某个产茶县高薪招聘采茶女，其中就有采摘口含茶的要求。至于风味到底好不好，不知道。

宋子安在《东溪试茶录》中记录过大茶树："柑叶茶，树高丈余，径七八寸。"沈括的《梦溪笔谈》里也讲"建茶皆乔木"，梅尧臣的《次韵和再拜》里有"建溪茗株成大树"之句，明代后就没发现这般记载，到底什么原因导致大茶树消亡，不得而知。

1957、1958 年，在闽南、闽西以及闽东北茶区陆续发现大茶树。福鼎太姥山上的最大茶树，高达 6 米以上，主干基部直径 18 厘米，树冠直径 2.7 米，分枝离地高达 2.5~3.4 米，叶长 17 厘米，叶阔 5.66 厘米，叶脉 10 对。

总体来说，唐宋记载的那种大茶树，明清以后就只能在云南、四川、贵州、广西等地见到。明李元阳在《嘉靖大理府志》（成书于嘉靖年间）里列举大理物产时说："茶，点苍，树高二丈、性味不减阳羡，藏之年久，味愈胜也。"后来徐霞客在《徐霞客游记·滇游日记》里接着说："（大理感通寺）茶树，树皆高三四丈，绝与桂相似。时方采摘，无不架梯升树者。"至少说明在明代，老百姓已经会使用架梯上树采摘茶，这与今天的云南采摘现象又十分吻合。

陆羽《茶经》没有提及云南，因为云南当时是独立于李唐的南诏国，但 20 世纪 80 年代以来所有为《茶经》做校注的书，都会重点提到云南发现的各种类型的大茶树，用来佐证中国是世界茶的原产地。

云南大茶树的三个重要发现分别是南糯山栽培型大茶树（1951）、巴达野生大茶树（1961）以及邦崴型大茶树（1991）。

茶（出自《植物名实图考》卷三十五）

瓜芦是不是茶?

瓜芦就是皋芦,与茶长得很像。所以有人非常肯定地说,皋芦就是茶树。从唐代开始一直争论到 20 世纪 80 年代,中外学者都参加了,最后得出结论,茶是茶,皋芦是皋芦,陆羽是对的。不过,皋芦也确实可以喝,有些人还用皋芦做成茶卖。

唐代有两位著名的茶人皮日休与陆龟蒙,他们显然没有分清茶与皋芦。皮日休《吴中苦雨因书一百韵寄鲁望》:"十分煎皋卢,半榼(kē)挽醽醁(líng lù)。"陆龟蒙《和茶具十咏·茶鼎》:"曾过桢(chēng)石下,又住清溪口。且共荐皋芦,何劳倾斗酒。"

茎还是蕊?

"茎如丁香"一句，存在争议，有些说是"蕊如丁香"，有些说"蒂如丁香"，现世《茶经》最早的版本是百川学海本，刻的是"叶如丁香"，但因前文有"叶如栀子"，所以可以肯定是刻错了。

但到底是哪个字，历代各有说法。我倾向于"茎如丁香"，主要理由是丁香茎确实与茶的茎很像。"茎"也是植物的主器官，而"蒂"是把儿，非主器官。

读《茶经》，遇到不通处怎么办？自然要本着实事求是的精神，有条件的考证下版本，或者回到茶树本身来。茶就在日常生活中，我们去对照着看看。《茶经》之所以是经典，就在于源于实践，经得起验证。

百川学海本《茶经》有什么讲究？

南宋咸淳九年（1273），左圭辑丛书《百川学海》，凡十集，收书一百种，是中国丛书刻印行业的始祖，地位很高。《百川学海》收录的《茶经》是目前最早版本，也是天下《茶经》的母本。现在有争议的字，都出在百川学海本有误。从唐代到宋，年头也不少，手抄本能保留下来本身就不容易。

陈师道（1053—1102）说《茶经》在当时的版本就有四种。"家传一卷，毕氏、王氏书三卷，张氏书四卷，内外书十有一卷。其文繁简不同，王、毕氏书繁杂，意其旧文；张氏书简明，与家书合，而多脱误；家书近古，可考正。自《七之事》，其下亡。乃合三书以成之，录为二篇，藏于家。"

茶从土话变洋话

茶、茗、莽、槚、荈都是从地方土话变成官话，再变成洋话。语言学家罗常培考证，茶从海路的都从"tea"，从陆路的都从"chai"。"tea"是闽南话的发音，"chai"是官话"茶"的发音。

藏学家、茶马古道六君子之一王晓松考证，藏语今天还称"茶"为"jia"，这个记音就是从"槚"而来。藏区把卖茶人称为"槚米人"，就是汉人之意。在塔尔寺的大茶房，酥油桶上都标有"E"，就是茶的意思。

茶叶传入西藏的历史非常悠久，2017年考古人员在西藏阿里地区的地下墓穴发现了1800多年前的茶叶，这远比史料记载的文成公主进藏时间要早得多。

而在20世纪三四十年代，藏学家、《华阳国志》研究专家任乃强就曾提出过china一词也有可能来源于西方人对"槚米"的音译的观点，不妨念念，"槚米"与"china"确实发音接近，也符合古代中国茶通过丝绸之路外传的史实。

唐代好茶的标准有哪些？

什么是好茶？

陆羽先说生长环境。烂石、石头多的地方茶好，今天所谓"岩韵"，讲的就是这种茶的风味。云南茶区的农民会讲"害地出好茶"，说的就是那些有坡度、有石块的地方，而不是那些土地肥沃的地方。茶树喜欢酸性土壤，在山坡地带，由于雨水冲刷的作用，山石间往往积累了大量矿物质，这是茶树喜欢的。茶树的生物特性是先向下生长，根牢固了再往上长。茶树根很怕被泡坏，所以喜欢生长在斜坡和渗水性好的沙砾地带。这样的地方，茶树慢慢生长，口感才是上佳的。

这是口感标准，不是产品标准。我们现在关注得更多的是出更多产品、更有卖相，而不是为了口感更佳。武夷山悬崖峭壁上的茶树、云南原始森林里的茶树，都是要与万物竞争、同万物生长而不被消灭的结果。长在烂石，是找不到竞争者。长在森林，是丛林法则胜出。说的都是命够硬，物种足够强大。

陆羽从颜色评茶，说紫者上，但历代茶家都不认可。这可能因为时代不一样，制作工艺也不一样，导致味道发生了变化。今天的紫色茶，与其他茶相比就是花青素含量高一点。云南培育的新品种紫娟茶，泡出来的颜色像茄子水，口感不好，因而喜欢的人并不多。

所谓"笋"，恰恰是带着茶苞与越冬鳞的茶芽，还未打开长成叶。而"牙"就是长开了的两片叶子。牙的金文有兴趣的不妨看看，非常像两片叶子。

古帚先生荷
庵雪餘佳煮
名雲霅間寄
洪不霰浮螺
挺衡泌栖蓬
艷洪匝
馮麰

狂迎山坐圖思
辰呼童煎名篘
粕腸軟塵落硬
龍團綠活水翻
蟹眼看黃耳底
田鳴輕看顏鼻
兩風過細闈
瞳縈飽飢
一甌洗泠
溪雲水鄉
六槐挺

[元] 赵原《陆羽烹茶图》(局部)

026

不要随便"约吃茶"

陆羽说，茶用种子种的才好，就像种瓜一样。茶性不可移是唐宋以来的认识。《茶经》开篇就说，茶在南方。为什么北方没有？因为移栽不活。北方要喝茶，只能从南方调运。南茶北上带来了茶的一个文化消费特性：远征。长期以来，北纬39度以北无法种植茶（现已突破北纬42度，比如格鲁吉亚），这决定了许多区域只能从南方购买茶叶，是海上茶道、茶马古道、万里茶道形成的根本原因。

茶性不可以移还形成了独特的"茶礼"文化，男方上门提亲，要带茶礼。女方如果收下茶，就表示愿意嫁。宋代陆游《老学庵笔记》里记录着："辰、沅、靖各州之蛮，男女未嫁娶时，相聚踏唱，歌曰：小娘子，叶底花，无事出来吃盏茶。"明代郎瑛的《七修类稿》："种茶下子，不可移植，移植则不复生也。故女子受聘，谓之吃茶。又聘以茶为礼者，见其从一之义。"不过这总结的是前代的，茶礼在明代已经失传了，茶学家许次纾为此感慨了很久。不知道他看到今天大家拎着"茶礼"到处送，时刻"约吃茶"，又会如何？

现在南方浙江、江苏、贵州、湖南、福建、云南等产茶地都保留着婚礼中的茶俗习惯。

"精行俭德"便是君子之茶

喝茶有风波。

前辈们对"茶之为用味至寒为饮最宜精行俭德之人"这句有不同的断句,主要分为两种。老前辈一般这样断:"茶之为用,味至寒,为饮最宜。精行俭德之人……",前辈一般这样断:"茶之为用,味至寒,为饮。最宜精行俭德之人……"。

在香港、台北都有老前辈跟我讲,现在有些人真不要脸,自封"茶人",够格么?他们还说茶"最宜精行俭德之人",难道不是"精行俭德"之人就不用喝茶啦?

这点,我赞同老前辈的逻辑,但不认同他们对古代茶人的刻意拔高与对当下茶人的有意贬低。

然而,"精行俭德",这四个字要怎么理解?

"精行"就是"行精",指心行洁净。

《晏子春秋》中有这样的记载。叔向问晏子曰:"君子之大义何若?"晏子对曰:"君子之大义,和调而不缘,溪盎而不苟,庄敬而不狡,和柔而不铨,刻廉而不刿,行精而不以明污,齐尚而不以遗罢,富贵不傲物,贫穷不易行,尊贤而不退不肖。此君子之大义

也。"（吴则虞：《晏子春秋集释》）

翻译过来就是：

叔向问晏子："君子应该秉持怎样的处世原则？"晏子回答说："君子之大义，与人相处融洽但不随俗，临危而不苟且，庄重而不急切，柔和而不卑屈，清廉而宽厚，心行洁净而隐人之恶，求上进而不以此遗弃人，富贵不傲物，贫穷不易行，尊重贤能但也不完全排斥无德无能之人。这就是君子的处世原则。"简单来说，就是君子和而不同，虽与俗和调，但不循俗而行。

"俭德"出自《周易》"否"卦，"君子以俭德辟难，不可荣以禄"。否卦坤下乾上，天地阴阳不交。君子应效法此象，以节俭之德避难，此时不可得荣耀和禄位。节制欲望，超然生活。诸葛亮《诫子书》里说："夫君子之行，静以修身，俭以养德。"司马光《训俭示康》："'俭，德之共也；侈，恶之大也。'共，同也，言有德者皆有俭来也。"无论是修身、齐家，还是治国、平天下，节俭都是君子必须具备的品质。

简单来说，一杯精行俭德的茶，就是君子之茶，可以修身、净心、养德。

喝茶的好处是什么？

体热、口渴、胸闷、头疼、眼涩、四肢无力、关节不舒服的时候，喝上四五口茶，可以与饮醍醐、甘露相媲美。

茶有这点功用，已经很了不起了。现在的饮料能被大众接受的，都是与功能有关。

"怕上火，喝王老吉。"

"累了困了，喝红牛。"

想当年，茶在唐朝寺院传播开来，就在其"不眠"。封演的《封氏闻见记》里说："开元中，泰山灵岩寺有降魔师大兴禅教，学禅务于不寐，又不夕食，皆许其饮茶。人自怀挟，到处煮饮。从此转相仿效，遂成风俗。自邹、齐、沧、棣，渐至京邑，城市多开店铺煎茶卖之，不问道俗，投钱取饮。其茶自江、淮而来，舟车相继，所在山积，色额甚多。"

茶传播到日本，在其治病。

"舌有病，可知心脏损也，以苦性之药治之。"荣西和尚把茶引种回日本，在于茶能提供一种苦，可以治好心脏病。也正是因为荣西治好了将军源实朝的心脏病，茶才能够在日本推广开。

茶能够进入法国，是因为路易十四听说，中国人和日本人都没有患心脏病，是由于饮茶之功。

现在，许多人宣传茶能包治百病，反而引发了对茶功效的广泛质疑，难道不应该好好反思么？

要是你问我，茶的好处是什么，我会说，愉悦。喝茶令人愉悦，这是我喝茶最大的理由。过去我烟酒茶都沾，总有人警告烟酒伤肝，但从未有人在喝茶上预警。像烟，无论怎么严厉警告，仍有许多人趋之若鹜，就在于其令人陶醉的瞬间实在太美妙。白酒亦如是。

现在有人说茶之种种危害，举证不足以信。具体到各种茶，各方"言之凿凿"，也不过跑马圈地，终究不过"利益"二字。

人类学家麦克法兰在《给四月的信》中说，在所谓的"公平竞技场"上百花齐放、交相争妍，这有利于保证效率，但对于参与者而言却毫无安全感，因为他们无法向自己或他人确定或保证，自己就是正确的。未来学家凯文·凯利进一步说，对于任意一条知识，你很容易就能得到一个反对它的观点；任何一个事实都有它的反事实。你不能依赖专家解决问题，因为每个专家都有一个与其相对的反专家。

当然，这是这个时代才有的烦恼。对大部分人来说，茶就是一碗有滋味的水。

二之具

　　今天我们经常器具互用，但在《茶经》里，具是用来把茶叶从树上摘下来做成品茶，
而器是用来把成品茶做成茶汤。这一点后续会有一个章节来讲。

原文译注

籝（yíng），一曰篮，一曰笼，一曰筥（jǔ）。以竹织之，受五升，或一斗[1]、二斗、三斗者，茶人负以采茶也。籝，《汉书》音盈，所谓"黄金满籝，不如一经"[2]。颜师古云："籝，竹器也，受四升耳。"

籝，又称篮、笼、筥。用竹子编织，容量五升，也有一斗、二斗、三斗的，是茶人背着采茶用的。籝，在《汉书》中音"盈"，所谓"满籝的黄金，不如一部经书"。颜师古说："籝，是一种竹器，有四升的容量。"

竈（zào），无用突者。釜，用唇口者。

1　唐代1斗等于10升，大量制1斗相当于现在6000毫升，小量制1斗相当于现在2000毫升。

2　"黄金满籝，不如一经"，出自《汉书·韦贤传》，"一经"是指《诗经》。

簏

甄

竃

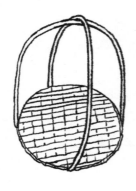

算

穀木枝

灶，不要用有烟囱的。釜，要用有唇口的。

甑，或木或瓦，匪腰而泥，篮以箅（bì）[1]之，篾以系之。始其蒸也，入乎箅；既其熟也，出乎箅。釜涸，注于甑中。甑，不带而泥之。又以彀木枝三桠者制之，散所蒸牙笋并叶，畏流其膏。

甑是用木头或者瓦制成，在腰部涂上泥，在甑的内部放入一个篮子一样的竹屉，用竹篾系住。开始蒸时，将叶放入甑中的箅里，蒸熟之后，再从里面拿出来。如果甑锅内没有水，就要从上面的口注水。这是因为甑子与锅相连的部分用泥巴封住了。之后用三杈木形的彀木把芽叶摊开，以免汁液流失。

杵臼（chǔ jiù），一曰碓（duì），惟恒用者佳。规，一曰模，一曰棬（quān），以铁制之，或圆，或方，或花。承，一曰台，一曰砧，以石为之。不然，以槐桑木半埋地中，遣无所摇动。

1　《茶经》的许多版本都把箅写作箪。箪读"pái"的时候，是指大的筏子；读"bēi"，指的是一种竹制的捕鱼具。二者放在这里都解释不通。也有些流通版写成"箄"，同样是错的。傅树勤、欧阳勋认为，箄是箅的抄写之误。我也这样认为。箅，蒸锅中的竹屉。后指有空隙而能起间隔作用的器具。《说文解字》：箅，所以蔽甑底者也。《世说新语·夙惠》：炊忘箸箅，饭落釜中。

杵臼

规

承

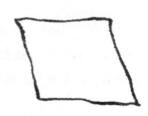

襜

杵臼，又称为碓，经常使用的最佳。规，又称模、棬，用铁制成，有圆形的、方形的或者花形的。承，又称台、砧，以石头制成。承也可以槐木、桑木制作，将其半埋在土里，使用时才不会摇动。

襜（chān），一曰衣，以油绢或雨衫、单服败者为之。以襜置承上，又以规置襜上，以造茶也。茶成，举而易之。

襜，又称衣，用油绢、雨衣或者破旧的单衫制成。将襜置于承上，再将规置于襜上，用来压制茶饼。茶饼压成后，方便取出来。

芘莉音杷离，一曰籯子，一曰篣筤（páng láng）。以二小竹，长三尺，躯二尺五寸[1]，柄五寸。以篾织方眼，如圃人土罗，阔二尺，以列茶也。

芘莉，又称籯子、篣筤。用二根三尺长的竹子和竹篾织成方眼状的竹匾，使其长为二尺五寸，宽二尺，手柄留五寸，如种菜人的土箩，用来放置茶。

1　唐代的 1 寸相当于今天的 3.07 厘米。

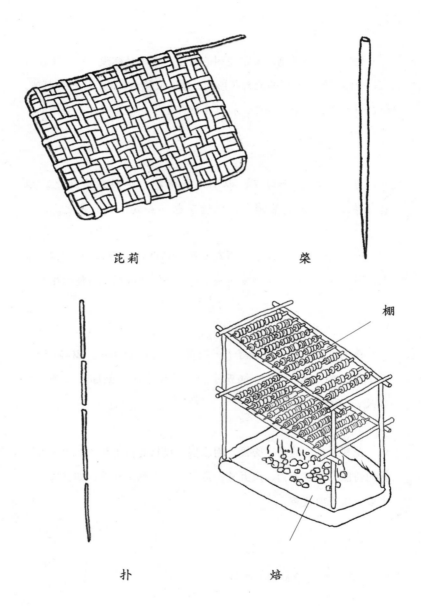

芘莉　　　　　　　　　　棨

棚

扑　　　　　　　　焙

棨（qǐ），一曰锥刀。柄以坚木为之，用穿茶也。

棨，又称锥刀。用坚硬的木头做成手柄，用于给茶饼穿孔。

扑，一曰鞭。以竹为之，穿茶以解茶也。

扑，又称鞭。用竹子编成，用来穿饼茶，使其便于搬运。

焙（bèi），凿地深二尺，阔二尺五寸，长一丈。上作短墙，高二尺，泥之。

焙，凿地深二尺，宽二尺五寸，长一丈。坑上面用泥砌二尺高的墙。

贯，削竹为之，长二尺五寸，以贯茶焙之。

贯，削竹子做成，长二尺五寸，将茶贯穿在上面烘焙。

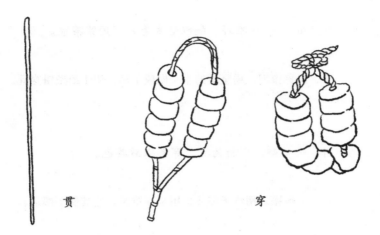

貫　　　　　穿

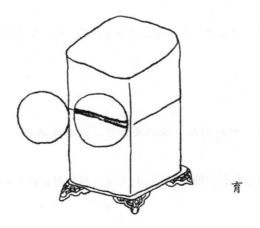

育

棚，一曰栈，以木构于焙上，编木两层，高一尺，以焙茶也。茶之半干升下棚；全干升上棚。

棚，又称栈，用木头做成架在焙上，架两层，高一尺，用于烘焙茶。茶半干的时候，放在下层烘焙；全干的时候放到上层。

穿音钏，江东、淮南剖竹为之。巴川峡山纫榖皮为之。江东以一斤为上穿，半斤为中穿，四两五两为小穿。峡中以一百二十斤为上穿，八十斤为中穿，五十斤为小穿。穿字旧作钗钏之"钏"字，或作贯串。今则不然，如磨、扇、弹、钻、缝五字，文以平声书之，义以去声呼之，其字以穿名之。

穿，江东、淮南一带剖开竹子制作，川东鄂西一带使用构树皮搓成。江东将一斤作为上穿，半斤是中穿，四两五两是小穿。峡中地区将一百二十斤作为上穿，八十斤是中穿，五十斤是小穿。穿字在以前写作"钗钏"中的"钏"，或者写作"贯串"。现在则不是这样，例如"磨、扇、弹、钻、缝"五个字，写的时候是平声，读的时候是去声，因此这个字的字形就写"穿"。

育，以木制之，以竹编之，以纸糊之。中有隔，上有覆，下有床，傍有门，掩一扇。中置一器，贮塘煨火，令煴煴（yūn）然。江南梅雨时，焚之以火。育者，以其藏养为名。

育，用木头制成框架，外围用竹篾编织，再糊裱上纸。中间有隔层，上面要有盖，下面有底，侧面有可以开闭的门。中间放置一个容器，放些热灰，慢慢烧炭。江南梅雨时节，需要焚火排湿。育，因其收藏保养而命名。

"直过民族"读《茶经》的优势

　　陆羽《茶经》的第一部分《一之源》尚好懂，郁郁葱葱的茶树还可见，栽种与生产知识也都还在，但讲解从树叶到成品步骤的《二之具》部分，理解起来就会有难度。主要原因自然是，这些道具大都退出了日常生活，读的人如果没有图示，很难想象出画面。

　　读过云南历史或到过云南的人，会听到一个词，叫"直过民族"，意思是从原始社会直接过渡到社会主义社会，更直接的说法是从刀耕火种直接到了电器时代。

　　细读《茶经》，我发现了直过民族的优势，就是对唐代的道具不陌生。

　　我家里有碓，就像城里供小孩玩的跷跷板，只不过另一头是石头或木头，用来砸碎食物。大碓需要双脚，经常是两个人站在一起，各出一只脚用力。小碓是手持石模，经常捣碎花椒、辣椒、八角之类的。要获得更精细的食物就需要石磨细磨，细磨茶的茶器是茶碾。

　　这些年我在家用炭烧水煮茶，就想着能否让木甑子也恢复使用。现在家里都是电饭煲，无论是韩式电饭煲还是日式电饭煲，煮出来的饭其实大同小异，看到日本纪录片讲到煮饭师傅，便越发怀念用甑子蒸米饭的场景，怀念有米汤喝的日子。

甑子蒸饭，做起来比较复杂。先把米放到锅里煮到半生不熟，再把夹生饭倒进筲箕里过滤，米是米、汤是汤。最后把筲箕里的夹生饭放到甑子里，继续通过蒸汽蒸熟，通常烧水的铁锅里还可以煮玉米、土豆什么的，在甑子里的米饭上面，还可以蒸包子、馒头。云南人把这一过程叫"煮饭"，真的是在"煮"上下了功夫，吃起来很丰盛，连喝的汤也一并准备了，不像现在，把米丢进电饭煲就一切万事大吉。想想，我都很久没有喝过米汤了。

现在用各种石磨压饼，各种造型在普洱茶界恢复得比较好，与生产力有着直接关系。大理过去进口不少机械设备，从来没有组装过，主要原因就是一旦用了机器，会造成大量劳动力闲置。

没有竹，茶要如何是好？

《茶经》里，除了茶之外，出现最多的就是竹。

采茶，要用竹篮；装茶器，也要用竹篮。

竹的用处是显而易见的。

对陆羽来说，这些自然远远不够。

竹还意味着好。上好的茶，就如竹笋刚破土般，笋带泥，茶带鳞。

竹还意味着香。青竹有助茶香。

竹还意味着美。那些器具，都讲究竹编艺术。

竹还是饮茶道具，比如竹筒茶。

竹还是储藏道具。陆羽用了一个很妙的词，育茶。在云南，用竹藏茶的传统传到现在，把茶藏在大竹筒里，可以避免受潮，又容易塑形。美国学者艾梅霞推测，圆形就来自对竹子这种柱状物的切割，这倒是好理解，湖南现在还有千两茶，湖南茶人参加各地的茶博会时，都会现场表演切割，柱状茶横向切开就是一个圆形的茶饼。脱胎于竹子的柱状紧压茶，在过去也方便运输。装在箱子里的紧压茶，切割开就是砖茶形状，也是过去远程运输的主要形态。

紧压茶的方圆形态，影响了后来原产地的制作与包装美学，在唐宋大兴，明清境内受散茶冲击，边销与外销又带来了锡、铜、铁、银等包装材料的兴起。

杀青的艺术

　　用甑子蒸茶叶的杀青技术，今天叫作蒸汽杀青（蒸青），主要原理是通过高温破坏和钝化茶鲜叶中的氧化酶活性，抑制鲜叶中的茶多酚等的酶促氧化，蒸发鲜叶部分水分，使茶叶变软，便于揉捻成形，同时散发青臭味，促进良好香气的形成。

　　云南耿马有一种名茶叫"耿马蒸酶"，现在许多超市都有卖的，用的就是蒸青技术。除此之外，湖北名茶"恩施玉露"也是蒸青技术。蒸青最大的特点是茶叶色彩绿，茶汤也是绿色的，比较养眼，缺点是香气淡。日本人比较痴迷唐代的蒸青技术，所以现在他们的制茶法还以蒸青为主，"海苔味"是其主要特点。为了追求海苔味，许多茶园都做了遮阴处理。茶的涩感，很大程度上来自日照。

　　蒸青技术在中药领域比较成熟，青天葵、菊花等许多常用药品都是在蒸青后晒干保存。

　　制茶的"杀青"称谓，来源非常古老。《后汉书·吴佑传》里李贤注说："杀青者，以火炙简令汗，取其青易书，复不蠹，谓之杀青，亦谓汗简。"早在先秦时代，人们便在竹简上刻字，但是竹简表面有油质，不易刻字，还经常遭虫蛀，在实践中他们就想到一个办法，把竹简放到火上烤，这道工序就叫"杀青"或"汗青"。后来不用刀刻，用毛笔写，完稿的时候也叫"杀青"。杀青也被广泛用来指完成一件艺术作品，比如拍完一部电影，画完一幅画。所以啊，把一锅茶炒完，也是完成了杀青，完成了一件艺术作品。

三之造

原文译注

凡采茶，在二月、三月、四月之间。

茶之笋者，生烂石沃土，长四五寸，若薇蕨始抽，凌露采焉。

茶之牙者，发于丛薄之上，有三枝、四枝、五枝者，选其中枝颖拔者采焉。

春茶采摘的时间一般在二月、三月、四月之间。

像春笋般的茶芽，生长于山崖石缝间的沃土中，长到四五寸，如同刚抽芽的白薇、蕨菜，早晨带着露水采摘。

生长于草木丛中的茶树，茶叶像牙长开，有三枝、四枝、五枝的分枝，选择挺拔的那枝采摘。

其日有雨不采，晴有云不采，晴，采之。蒸之、捣之、拍之、焙之、穿之、封之、茶之干矣。

天气有雨时不采，晴天有云时不采，天气晴朗时才采。采了之后，开始蒸、捣、焙、穿、封，茶饼晒干之后就完成了。

茶有千万状，卤莽而言，如胡人靴者，蹙（cù）缩然。京锥文也。犎（fēng）牛臆者，廉襜然；浮云出山者，轮囷（qūn）然；轻飙拂水者，涵澹然。有如陶家之子，罗膏土以水澄泚之。谓澄泥也。又如新治地者，遇暴雨流潦之所经。此皆茶之精腴。

有如竹箨（tuò）者，枝干坚实，艰于蒸捣，故其形籭簁（shāi shāi）然。上离下师。有如霜荷者，茎叶凋沮，易其状貌，故厥状委悴然，此皆茶之瘠老者也。自采至于封七经目。自胡靴至于霜荷八等。

茶饼有千万种形状，粗略地说，有的像胡人靴子一样，有皱纹。纹理大小相错。有的像肩背部隆起的犎牛，起伏连绵；有的像浮云出山，屈曲回旋；有的像轻风拂过水面，水波荡漾。有的像陶工用水筛过的澄泥。又有像暴雨冲刷过的新地。这些都是精美的茶。

有的茶像竹子的笋壳，枝干坚硬很难蒸开捣碎，所以做出来的茶饼形状像羽毛刚长出来的样子。有的茶像经霜打过的荷叶一样，茎叶凋败，形状和外貌已经改变，因此做出来的茶饼萎顿干枯，这些都是粗老的茶。从采摘到封藏经过七道工序。从类似胡靴到如霜荷的茶饼，共分为八个等级。

或以光、黑、平、正，言佳者，斯鉴之下也。

以皱、黄，坳垤（ào dié）言佳者，鉴之次也。

若皆言佳及皆言不佳者，鉴之上也。何者？出膏者光，含膏者皱；宿制者则黑，日成者则黄；蒸压则平正，纵之则坳垤；此茶与草木叶一也。茶之否（pǐ）臧，存于口诀。

茶饼品质鉴定，以色泽光亮、黝黑、平整、周正者为佳，这是最差的鉴别方法。

以外形皱、色黄，表面凹凸不平者为佳，这是较次的鉴别方法。

如果茶的优点与缺点都能描述出来，这是最好的鉴别方法。为什么这样说呢？因为压出膏汁的茶饼表面光滑，没有出膏汁的茶饼表面就皱缩。隔夜压制的茶饼色泽黝黑，当天制成的茶饼则色黄。蒸压得紧就表面平正，压得不实则凹凸不平。在这个层面上，茶与草木树叶是一样的。茶的品质高低，存于口诀。

采茶的时间

陆羽所说的采茶时间，是指春茶时间，在农历二月、三月、四月，与今天的采茶情况大大不同。现在许多地方，比如云南普洱、四川宜宾，有些茶农历一月就开始采了。云南大部分产茶区，都是采四季茶。春茶也形成了采摘明前茶的习俗，被赋予了强烈的时间观念。

云南普洱茶、福建武夷岩茶、安溪铁观音以及广东凤凰单丛等，不讲究明前茶，反而要等着叶子完全长开才去采摘。唐代 1 寸相当于今天 3.07 厘米，陆羽说长到四五寸，等于说是茶叶长到了 12~15 厘米，倒有点类似今天采高杆普洱茶的情况。普洱茶持嫩度比较高，这么长的梗也不会轻易硬化，陆羽讲茶饼等级时说到的第七等级的"竹箨"，就是老梗太多。

带着露水采茶，似乎是唐宋的一种认识。宋代赵汝砺在《北苑别录》中说："侵晨则夜露未晞，茶芽肥润。见日则为阳气所薄，使芽之膏腴内耗。"也就是说，古人以为倘若露水受光照蒸发，会带走茶的营养，这与现代的制茶工艺是矛盾的。区别在哪儿? 杀青方式。唐代蒸青当然不怕带露水。现代炒，则需要在下锅前摊晾，让水分散失一些，不然杀青就易煳。

茶的不同部位，被做成了不同的茶。按照今天的区分，明前茶大部分是做绿茶，夏茶几乎是做红茶，现在秋茶又密集做成了白茶，边角料都拿去做黑茶。

赏茶饼的八个等级

赏茶饼这门技艺，现在失传了。陆羽把茶饼分成八个等级，但抱歉的是，我只能尽力还原个大概，抛砖引玉，大家姑且读之。倘若家里有圆形紧压茶，比如普洱茶或白茶，大家不妨取出来对照着看看。

第一等：胡人靴。就是像胡人的靴子，当时批注的人担心没有几个人见过，特别强调就如京锥文般。京，大、高的意思。锥，小、细的意思。"文"通"纹"。结合起来就是大小高低错落有致的饼纹。这部分欣赏的主要是茶饼的正反面。

第二等：犎牛臆。犎牛是一种像骆驼那样有驼峰的牛，臆是胸。现在网络上可以找到美国犎牛（如果与陆羽所说的是同一种的话）的照片，这种牛的胸是凸出来的，有点像公鸡冠，也就是廉襜的样子。廉襜就是堂屋边的窗帘横着收起来的样子，有凸有凹。此处的欣赏点是饼的侧面。现在的普洱茶饼主要是石磨压，主要看边角周正不周正，有没有缺角。早期普洱茶比较讲塑形，有些就喜欢压这种侧面有形状的，比如梅花小饼。

第三等：浮云出山。白云屈曲绕山的样子，就是欣赏白毫了。

对标今天的审美，就是看条索肥壮与否、显毫程度如何。

第四等：轻飙拂水。这个也好理解，水摇荡的样子。这里谈的是润度，不能湿，也不能干，要润，专业话叫"含水率"。含水率低于9%则属于干燥，高于13%属于湿，饼会发霉，在中间的就叫作润。

第五等：澄泥。唐代有"澄泥砚"，其质坚如石，叩之有金属声，以刀划之无痕迹，因其利用绢囊内置河水所淤积的细泥制成。陆羽时代的制茶法，在碓里把茶捣碎后，得到的是一堆黏性很强的碎茶叶，膏汁出太多，压的饼就硬。这是说茶饼的松紧度。

第六等：雨沟。新挖的地，要是在坡上，被大雨一冲刷，土流走，很多不规整的雨沟就会出现，完全是兵荒马乱的画面。样子不讲究，也没有干燥好，看起来糟糕至极。

第七等：竹箨（tuò）。这种茶黄片、茶梗太多，像竹壳，难以搞碎。有些茶采摘时太老，容易出黄片，有些茶梗太长，都已经硬化了。这里就涉及采鲜叶以及制茶标准了，对标普洱茶中的撒面茶，有些人把老梗、黄片压在里面，外面撒一些高等级的茶。这种茶煮奶茶、煮粥茗或者直接煮着喝，都不错。叶黄梗长则甜感强，这是一个常识，但冲泡起来就不太符合美学规范。

第八等：霜荷。被霜打过的荷叶，蔫了。变形了也变味了，不是物理反应，是化学反应。这同样是用料问题，陆羽时代是连枝带叶一起采的，有些是粗老叶子加老梗，但也是茶啊。陆羽时代，还有其他植物饮品，可是在他看来，即便是茶树枝也比冬青叶要强。

今天的黑茶做法就是切割茶园的枝条，渥堆发酵。

总结来说，就是看饼形周正不周正，松紧度如何，白毫显不显，出膏的多寡，润度是否适中，是否混杂了老梗黄片，有没有用变质了的茶。陆羽用的是博物学家的笔法，不同于今天茶学家的说法，只是年代久远，我们不好理解，只能学李商隐，像海獭祭鱼一样，在书桌前摆满资料书。

陆羽特别交代，欣赏茶饼，不能只看表面，说得出饼形周正平整、色泽黝黑这些固然重要，但更重要的是知道其原理：压出膏汁的茶饼表面光滑，没有出膏汁的茶饼表面就皱缩；隔夜压制的茶饼色泽黝黑，当天制成的茶饼则色黄；蒸压得紧就表面平整，压得不实则凹凸不平。

还是实践出真知啊。

普洱茶饼

笋与牙、茶花与茶果

笋是如春笋出土，这里指茶才冒芽头，还带着越冬鳞的样子。

牙的金文就是对开的叶子，非常形象。因为过去"牙"通"芽"，所以大家往往会纠结笋与芽的区别。

陆羽写作，善用形象的比喻，读者会通过笋与牙的样子去对应茶的样子。

陆羽时代采摘茶，有笋、牙，还有带枝条采，这点与今天的茶园采摘所差无几。

春茶最显著的一个标识就是有越冬鳞，夏茶与秋茶都没有。秋茶有什么生物特征？茶花。而春茶与秋茶都会摘到的是茶果。每年的五六月份，茶树春梢开始分化；茶树开花则是在 10 月、11 月，之后是结果期。茶树果子成熟的周期长达一年半，会出现一边开花一边结果，最后花果同枝的景象。

四之器

原文译注

风炉_{灰承}

　　风炉以铜铁铸之，如古鼎形，厚三分，缘阔九分，令六分虚中，致其圬墁（ wū màn ）[1]。凡三足，古文书二十一字。一足云："坎上巽（ xùn ）下离于中。"一足云："体均五行去百疾。"一足云："圣唐灭胡明年铸。"其三足之间，设三窗，底一窗，以为通飙漏烬之所。上并古文书六字，一窗之上书"伊公"二字，一窗之上书"羹陆"二字，一窗之上书"氏茶"二字。所谓"伊公羹，陆氏茶"也。

　　风炉以铜铁铸成，形状像古鼎，炉壁厚三分，边缘宽九分，炉子中间空出来的六分，涂满泥粉。炉有三只脚，用古文写有二十一个字。一足写："坎上巽下离于中。"一足写："体均五行去百疾。"一足写："圣唐灭胡明年铸。"炉子三足之间开三个孔，底部的空洞

1　圬墁，亦作"圬镘"，指涂饰墙壁，粉刷。

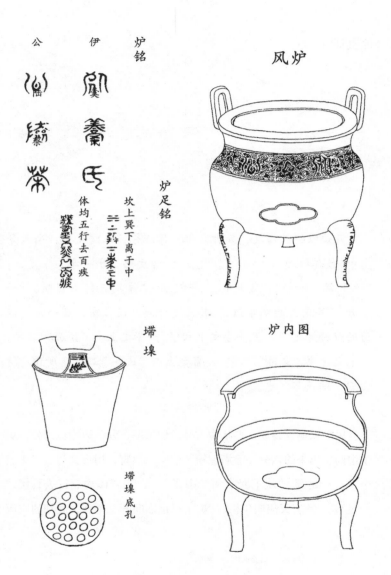

风炉

炉铭

伊 公

炉足铭

坎上巽下离于中

体均五行去百疾

炉内图

埵㙼

埵㙼底孔

066

用来通风漏灰。上面用古文写六字，一个窗写"伊公"二字，一个窗上写"羹陆"二字，一个窗上写"氏茶"二字。连起来就是"伊公羹，陆氏茶"。

　　置墆𡑡（dì niè）于其内，设三格：其一格有翟（dí）焉，翟者，火禽也，画一卦曰离；其一格有彪焉，彪者，风兽也，画一卦曰巽；其一格有鱼焉，鱼者，水虫也，画一卦曰坎。巽主风，离主火，坎主水。风能兴火，火能熟水，故备其三卦焉。其饰以连葩、垂蔓、曲水、方文之类。其炉，或锻铁为之，或运泥为之。其灰承，作三足铁盘台之。

　　在炉腔内放燃料的架子，分三格：一格刻翟，翟是一种火禽，画一个离卦；一格上刻有彪，彪是风兽，再画一巽卦；一格刻有鱼，鱼是水虫，刻画上坎卦。巽表示风，离表示火，坎表示水。风能使火烧旺，火能把水煮开，所以要准备这三卦。炉身用莲花、藤蔓、流水、方形花纹等图案来装饰。风炉有用熟铁打的，也有用泥巴做的。灰承，是一个有三只脚的铁盘，用来承灰。

铁
盘

坎
鱼

巽
彪

筥

炭挝

锤形

斧形

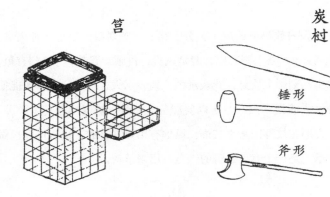

068

筥

筥以竹织之，高一尺二寸，径阔七寸。或用藤，作木楦[1]
如筥形。织之六出，固眼其底盖，若箎箧（lí qiè）口，铄（shuò）之。

筥用竹子编制，高一尺二寸，直径七寸。或用藤做一个像筥形
的木箱，编织出六边形的样子，把盖底的洞盖住，像箱子口一样，
磨削光滑。

炭挝（zhuā）

炭挝，以铁六棱制之，长一尺，锐一，丰中，执细头，
系一小𫓧（zhǎn），以饰挝也。若今之河陇军人木吾也，或作锤，
或作斧，随其便也。

炭挝，用六棱形的铁棒做，长一尺，头部尖，中间粗，握处细，
握的一端套一个小环作为装饰，好像现在河陇地带的军人所用的木
棒。有的把铁棒做成锤形，有的做成斧形，各随其便。

1　楦，明代嘉靖年间吴旦刻本《茶经》解释其为"箱"的古字。

火筴

镀

交床

铜铁夹

小竹夹

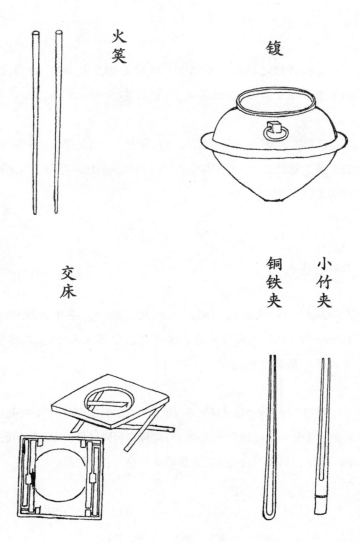

火筴

火筴，一名筯（zhù），若常用者，圆直一尺三寸，顶平截，无葱薹（tái）[1] 勾锁之属，以铁或熟铜制之。

火筴，又叫筯，就是平常用的火钳。圆直形，长一尺三寸，顶端平齐，没有像葱薹、钩锁之类的圆、弧装饰，用铁或熟铜制成。

鍑（fù）[2] 音辅，或作釜，或作鬴。

鍑，以生铁为之，今人有业冶者，所谓急铁。其铁以耕刀之趄（jū）[3]，炼而铸之。内模土而外模沙。土滑于内，易其摩涤；沙涩于外，吸其炎焰。

方其耳，以正令也。广其缘，以务远也。长其脐，以守中也。

脐长，则沸中；沸中，则末易扬；末易扬，则其味淳也。

洪州以瓷为之，莱州以石为之。瓷与石皆雅器也。性非坚实，难可持久。用银为之，至洁，但涉于侈丽。雅则雅矣，洁亦洁矣，

---

1 薹不是臺，不能简化成"台"。葱薹就是葱骨朵。

2 鍑在日式茶道中还被经常使用，看起来就像一口锅。

3 趄，阻隔。《营造法式》里有"上用趄尘盝顶，陷顶开带，四角打卯"。

若用恒，而卒归于铁 [1] 也。

镀（音同釜），用生铁制作。生铁是现在冶炼人所说的急铁，用农具之铁炼铸成镀。内模抹上泥，外模抹沙。土制内模，使得锅内壁光滑，容易擦洗；外面抹上沙使得锅底粗糙，容易吸热。

锅耳做成方形，以此象征端庄方正。口沿要宽，以此象征高远开阔。锅的脐要做得长些，以此象征守正居中。

锅底脐部突出，水就在锅中心沸腾；水在中心沸腾，茶沫就易于上升；茶沫易于上升，则茶味就淳美。

洪州用瓷做锅，莱州用石做锅，瓷锅和石锅都是雅致好看的器皿，但不坚固，难以持久使用。用银做锅，非常清洁，但不免过于奢侈华丽了。雅致固然雅致，清洁确实清洁，但从耐久实用来说，还是铁制的好。

交床

交床以十字交之，剜中令虚，以支镀也。

交床，取十字交叉的木架，把中间挖空些，用来放置茶锅。

---

1 百川学海本是"卒归于银"，但从逻辑来说，似乎是铁。

夹

　　夹，以小青竹为之，长一尺二寸。令一寸有节，节已上剖之，以炙茶也。彼竹之筱（xiǎo），津润于火，假其香洁以益茶味，恐非林谷间莫之致。或用精铁熟铜之类，取其久也。

　　夹，用小青竹制成，长一尺二寸。在每一寸有竹节处，自节以上剖开，用来夹着茶饼在火上烤。小青竹在火上会烤出竹液，借它的香气来增加茶的香味，这也只有在山林间才能做到。也有的用精铁或熟铜制作，取其耐用的长处。

纸囊

　　纸囊，以剡（shàn）藤纸白厚者夹缝之。以贮所炙茶，使不泄其香也。

　　纸囊，用两层又白又厚的剡藤纸缝制。用来贮放烤好的茶，使香气不散失。

纸
囊

碾

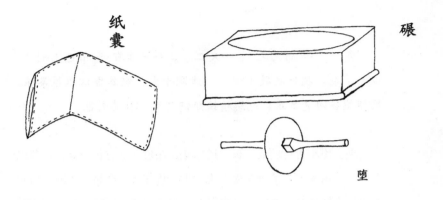

堕

罗
合

拂
末

屈杉漆合

合盖

罗末

合底

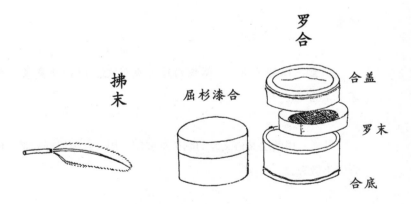

碾拂末

碾，以橘木为之，次以梨、桑、桐、柘（zhè）为之。内圆而外方。内圆备于运行也，外方制其倾危也。内容堕而外无余木。堕，形如车轮，不辐而轴焉。长九寸，阔一寸七分。堕径三寸八分。中厚一寸，边厚半寸。轴中方而执圆。其拂末以鸟羽制之。

茶碾，最好用橘木制作，其次用梨木、桑木、桐木、柘木。碾内圆外方。内圆以便运转，外方则能防止翻倒。槽内刚放得下一个堕，再无空隙。堕，形状像车轮，只是没有车辐，中心安一根轴。轴长九寸，宽一寸七分。堕直径三寸八分，当中厚一寸，边缘厚半寸。轴中间是方的，手握的地方是圆的。拂末，用鸟的羽毛制成。

罗、合

罗末以合盖贮之，以则置合中。用巨竹剖而屈之，以纱绢衣之。其合以竹节为之，或屈杉以漆之。高三寸，盖一寸，底二寸，口径四寸。

罗筛出的茶末放在盒中盖紧存放，把量器"则"也放在盒中。

则

水方

漉水囊

绿油囊

瓢

梨木杓

罗用大竹剖开弯曲成圆形，安上纱或绢。盒用竹节制成，或用杉树片弯曲成圆形，涂上油漆。高三寸，盖一寸，底二寸，直径四寸。

则 [1]

则，以海贝、蛎蛤（lì gé）之属，或以铜、铁、竹匕策之类。则者，量也，准也，度也。凡煮水一升，用末方寸匕。若好薄者，减；嗜浓者，增，故云则也。

则，用海贝、蛎蛤之类，或用铜、铁、竹等制成的汤匙。则是计量的标准。一般说来，烧一升的水，用一方寸茶末。如果喜欢味道淡点，则减；喜欢喝浓茶，就增，因此叫则。

水方

水方，以椆木、槐、楸、梓等合之，其里并外缝漆之，受一斗。

1　则，会意。金文从鼎，从刀。古代的法律条文曾刻铸在鼎上，以便让人遵守。

水方，用椆木、槐木、楸木、梓木等制作，内外的缝都用油漆涂封，容水量一斗。

漉水囊

漉水囊，若常用者，其格以生铜铸之，以备水湿，无有苔秽腥涩意。以熟铜苔秽;铁腥涩也。林栖谷隐者，或用之竹木。木与竹非持久涉远之具，故用之生铜。其囊，织青竹以卷之，裁碧缣（jiān）以缝之，纽翠钿（diàn）以缀之。又作绿油囊以贮之。圆径五寸，柄一寸五分。

漉水囊，常见的主体部分多是生铜铸造，湿水后没有铜绿、污物和腥涩气味。要是用熟铜，易生铜绿污垢。用铁，易生铁锈，易腥涩。隐居山林的人，也有用竹或木制作。但竹木制品不耐用，不便携带远行，所以要用生铜制作。滤水的囊，用青篾丝编织，卷曲成袋形，再裁剪碧绿色的绢缝制，缀上翠钿的装饰。又做一个绿色油布口袋把囊整个装起来。漉水囊圆径五寸，柄长一寸五分。

瓢

　　瓢一曰牺杓（xī sháo）。剖瓠为之，或刊木为之。晋舍人
杜育《荈赋》云："酌之以匏。"匏，瓢也。口阔，胫薄，柄短。
永嘉中，余姚人虞洪入瀑布山采茗，遇一道士，云："吾，丹丘子，
祈子他日瓯牺之余，乞相遗也。"[1] 牺，木杓也，今常用以梨木
为之。

　　瓢，又叫牺、杓。把葫芦剖开制成，或是用木头挖制而成。晋
朝杜育的《荈赋》谈到："酌之以匏。"匏，就是瓢。口阔、瓢身薄、
柄短。晋代永嘉年间，余姚人虞洪到瀑布山采茶，遇见一道士对他
说："我是丹丘子，希望你改天把瓯、牺中多的茶送点给我喝。"牺，
就是木杓，现在常用的以梨木挖成。

竹夹

　　竹夹，或以桃、柳、蒲葵木为之，或以柿心木为之。长一
尺，银裹两头。

1　丹丘子这段颇不符合《茶经》行文，应是批注混入了原文。到宋代已经剥离不出来了。

竹筴

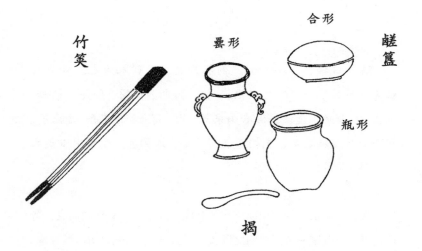

合形

罍形

鹺簋

瓶形

揭

熟盂

碗

竹夹，有用桃木制作，也有用柳木、蒲葵木或柿心木制作。长一尺，用银包裹两头。

鹾簋（cuó guǐ）揭

鹾簋，以瓷为之，圆径四寸，若合形，或瓶，或罍（léi），贮盐花也。其揭，竹制，长四寸一分，阔九分。揭，策也。[1]

鹾簋，用瓷做成，圆形，直径四寸，像盒子，也有的作瓶形或壶形，放盐的器皿。揭，用竹制成，长四寸一分，宽九分，是取盐用的工具。

熟盂

熟盂，以贮熟水，或瓷，或沙，受二升。

熟盂，用来盛开水，瓷器或陶器，容量二升。

1　揭就是策，这种用法，仅在《茶经》。策是前文"则"的一种，类似于汤匙一样的取物用具。

碗

　碗，越州上，鼎州次，婺州次，岳州次，寿州、洪州次。

　或以邢州[1]处越州上，殊为不然。若邢瓷类银，越瓷类玉，邢不如越一也。若邢瓷类雪，则越瓷类冰，邢不如越二也。邢瓷白而茶色丹，越瓷青而茶色绿。邢不如越三也。

　晋杜育《荈赋》所谓"器择陶拣，出自东瓯"。瓯，越也。瓯，越州上，口唇不卷，底卷而浅，受半升已下。越州瓷、岳瓷皆青，青则益茶，茶作白红之色。邢州瓷白，茶色红；寿州瓷黄，茶色紫；洪州瓷褐，茶色黑，悉不宜茶。

　碗，越州产的为上，鼎州、婺州的次之，岳州的又次之，寿州、洪州再次之。

　有人认为邢州产的比越州好，完全不是这样。如果说邢州瓷质地像银，那么越州瓷就像玉，这是邢瓷不如越瓷的第一点。如果说邢瓷像雪，那么越瓷就像冰，这是邢瓷不如越瓷的第二点。邢瓷白而使茶汤呈红色，越瓷青而使茶汤呈绿色，这是邢瓷不如越瓷的第三点。

　晋代杜育《荈赋》说的"器择陶拣，出自东瓯"，这个瓯，指

1　越州是今天浙江绍兴一带，鼎州是陕西泾阳一带，婺州在浙江金华一带，岳州相当于湖南岳阳一带，寿州大致是安徽寿县一带，洪州在南昌一带，邢州在河北邢台一带。

的是越州。瓯，越州产的最好，口不卷边，底呈浅弧形，容量不超过半升。越州瓷、岳州瓷都是青色，能增进茶汤色泽。邢州瓷白，使茶汤呈现红色；寿州瓷黄，茶汤呈紫色；洪州瓷褐，茶汤呈黑色，都不适合盛茶。

畚（běn）

畚，以白蒲卷而编之，可贮碗十枚。或用筥，其纸帊以剡纸夹缝，令方，亦十之也。

畚，用白蒲草编成，可放十只碗。也有的用竹筥。纸帊，用两层剡纸，裁成方形，也可以放十只碗。

札

札，缉栟榈皮以茱萸木夹而缚之。或截竹束而管之，若巨笔形。

札，用茱萸木夹上棕榈皮，捆紧。或用一段竹子，扎上棕榈纤维，像大毛笔的样子。

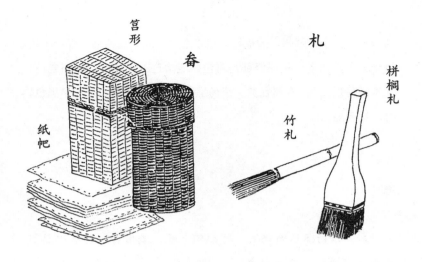

筥形

畚

札

纸帊

竹札

栟榈札

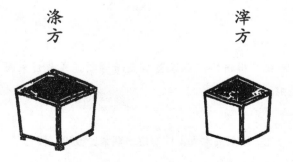

涤方

滓方

涤方

涤方，以贮涤洗之余，用楸木合之，制如水方，受八升。

涤方，盛洗涤的水和茶具。用楸木制成，制法和水方一样，容量八升。

滓方

滓方，以集诸滓，制如涤方，处五升。

滓方，用来盛各种茶渣。制作如涤方，容量五升。

巾

巾，以绝（shī）布为之，长二尺，作二枚，互用之，以洁诸器。

巾，用粗绸子制作，长二尺，做两块，交替使用，以清洁茶具。

巾

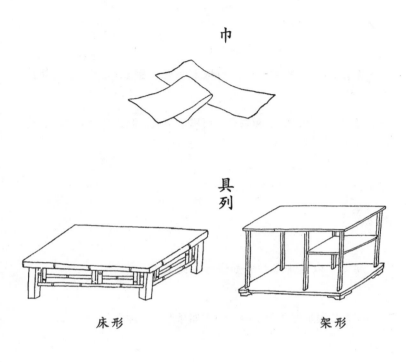

具
列

床形　　　　　　架形

都
篮

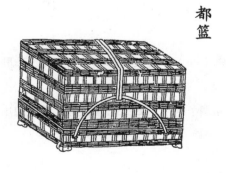

具列

　　具列，或作床，或作架。或纯木、纯竹而制之，或木，或竹，黄黑可扃（jiōng）而漆者。长三尺，阔二尺，高六寸。具列者，悉敛诸器物，悉以陈列也。

　　具列，做成床形或架形，或纯用木制，或纯用竹制。也可木竹兼用，做成小柜，漆作黄黑色，有门可关。长三尺，宽二尺，高六寸。之所以叫它具列，是因为可以贮放、陈列各种器物。

都篮

　　都篮，以悉设诸器而名之。以竹篾内作三角，方眼外，以双篾阔者经之，以单篾纤者缚之，递压双经，作方眼，使玲珑。高一尺五寸，底阔一尺，高二寸，长二尺四寸，阔二尺。

　　都篮，因能装下所有器具而得名。用竹篾把内面编成三角形，方形的洞外用两道宽篾做经线，再以一道细篾绑住，交替编压在两道宽篾上，编成方洞，使其精巧美观。都篮高一尺五寸，底宽一尺，高二寸，长二尺四寸，阔二尺。

鼎力喝茶

鼎，商周时期主要用来煮东西。后来吃的人显贵了，鼎跟着地位高升，变成了国之重器。与此有关的词语，都是分量十足。如一言九鼎、大名鼎鼎、鼎盛时期、鼎力相助。

陆羽改良的风炉就是鼎的变种，煮茶须用重器，喝茶非得猛力，这是陆羽的创见。

"烹饪"最先出现在《周易》，鼎卦是木在下、火在上，"以木巽火，亨饪也"。亨饪就是烹饪。

圣贤煮食，祭祀上苍。大亨煮食，滋养圣贤。

陆羽煮茶，为了什么？滋养茶人啊。

《茶经》一直在体现《周易》的观点。风炉上有"坎上巽下离于中"，按《周易》的解释，坎主水，巽主风，离主火，那么煮茶的意思就很明显，煎茶之水放于上，风从下面吹入，火在中间燃烧。这是自然之道，也是君子之道。君子应像鼎那样端正而稳重，以此实现价值。

在更深的层面上，坎、巽、离也可以解读成，一个人经过了险阻而能定心，找到适合自己的道路，虽不能做什么惊天动地的大事，却能守住一方天地，勉力成就自己。茶人起炉烧水，烹茶说道天下事。

陆羽自制的风炉上，还有"体均五行去百疾"与"圣唐灭胡明年铸"以及"伊公羹""陆氏茶"几个字。

最初的鼎是由远古时期陶制的餐具演变而来的，主要用途就是烹煮食物，鼎的三条腿便是灶口和支架，腹下烧火。

鼎在青铜时代，属于各方争夺的重器，也是祭祀神灵的一种重要礼器，象征着国家权力，关系着经纶调变，可以聚天命、系人心。

在陆羽的唐时代，鼎的这个功能在朝堂已经消失了，却在庙宇发挥了其他作用。鼎通常安放在寺庙大殿前，既是装饰物，又是焚香的容器，安抚着人的灵魂。成长在寺庙的陆羽对鼎不会陌生，对《周易》的熟悉又让他赋予了茶鼎新的意义。

革故鼎新，新的时代有新的追求。

是时，"圣唐灭胡"（平定安史之乱）获得胜利，家国安定，茶税成为国家税收来源，天下饮茶人越来越多，烹茶品茗能"体均五行去百疾"。五行，金木水火土，所谓循环相生，洗涤、祛除陈旧与污垢，留下清、洁的气象，人的精神就在其中。

总结起来就是，"坎上巽下离于中"说的是道法自然，成为自己期待成为的那个人；"体均五行去百疾"说的是无病一身轻，修身，藏器于身；"圣唐灭胡明年铸"寄托的是河清海晏的天下观。

儒家所谓修身、齐家、治国、平天下，其实是平行而非递进关系，说的是一个人无论是修身、齐家，还是治国、平天下，总有适合的位置。

伊公羹学问有些大

陆羽自豪地在自己打造的风炉上铸出"伊公羹"与"陆氏茶"，他认为"陆氏茶"是可以与"伊公羹"相媲美的，或者说，陆羽弥补了伊尹的遗憾——因为他居然无茶可饮！

"伊公羹"到底是什么？

华夏饮食，饮在食前。对后世影响至深的，莫过厨神伊尹的《本味篇》，陆羽的《茶经》成书后，忘不了向这位老祖宗致敬，因为是伊尹奠定了我们的生活格局。

伊公就是伊尹，在华夏史上拥有许多个第一，他是商汤的授业恩师，被誉为华夏有史以来的第一位谋士、第一名相。在他之后，谋士与君王有了联袂出现的现象，比如我们熟悉的姜子牙与周武王、范蠡与勾践、诸葛亮与刘备……

商汤得到了伊尹为相后，在宗庙亲自点燃苇草，杀牲涂血，为伊尹举行解除灾难和祛邪的仪式。

第二天上朝君臣相见，伊尹与商汤说起天下最好的美食味道。

商汤说："你说得那么好，问题是按照你说的方法，别人也可以做出这个味道吗？"

伊尹回答说："咱这是小国，不可能具备所有需要的食材，但要是你做了天子就不一样了，天天都可以吃到人间美味。"

接着，伊尹开始了他的长篇大论。

世上常吃的有三类动物，生长在水里的有腥味，食肉动物有臊味，食草动物有膻味。所以说，不管是恶臭还是美味，都是有来由的。

决定味道的首要条件是水，其次是木与火。

甘（甜）、酸、苦、辛（辣）、咸这五味与水、木、火三材关系很大，同样的水，烧九次就有九次的变化，次数越多变化就越多。

火候掌握得好，懂得调节大小火，通过疾徐不同的火势就可以灭腥、去臊、除膻，这一关把控好了，做出来的食物才是原味，品质才不会受到损害。

调和味道离不开甘、酸、苦、辛、咸，什么多用、什么少用，怎么用，都要根据自己的口味。锅里的变化精妙细微，不是三言两语就能说得明白的。若要准确地把握食物精微的变化，还要考虑阴阳的转化和四季的影响。

所以久放而不腐，煮熟了又不过烂，甘而不过于腻，酸又不太酸，咸又不咸得发苦，辛又不辣得浓烈，淡却不寡薄，肥又不太腻，这样才算达到了美味的极致啊！

伊尹还强调说："水之美者，三危之露，昆仑之井。沮江之丘，名曰摇水。曰山之水。高泉之山，其上有涌泉焉，冀州之原。"

如果以当时伊尹的所在地，也就是今天河北冀州为参照中心，那么伊尹所言之水都来自西部，所谓水往东流，源头之水才是高品质的保证，历代医家多次强调这一观点，好水在西部。现在的商家也是多角逐西部，这都是有渊源的，可以找到科学根据。

伊尹这个人，因为《本味篇》成为了华夏的民间厨神，他拿厨房厨料来言说政治，是美食政治学以及俗世励志学的开山鼻祖。

老子后来总结说"治大国若烹小鲜"，庄子说"庖丁解牛"之类，都是借厨房来总结伊尹以来的美食、政治与人生。故历史上，有许多争夺《本味篇》的故事，其中大都有君王的参与，得《本味篇》者得天下，多么神奇啊。

厨子不好惹。

伊尹的美食论影响了陆羽，陆羽负鼎煮茶，自有深意。

陆羽继而发现，伊尹居然与自己有着一样孤寂的身世。

伊尹一出生就是一个孤儿，因为在有莘国的伊水边被养母侁氏发现，便取名为伊。又因无人知道其父母是谁，他自幼便被当作庖人来养，整个童年和青年时代，大部分时间务农。在许多人的注解中，伊尹还是农家思想的起源，在另一个谱系里，他成为隐士的秘密源头。如果不理解这一点，就无法更深入理解陆羽之后的茶学。

在务农期间，伊尹将很大的精力投入在厨艺与尧舜治国术上。在有莘国与商国的和亲中，他被当作陪嫁品发配到商国的地盘，因精于厨艺，被安排到厨房工作。为了能见到商汤，伊公设了个局引商汤上钩，他对菜的烹调大动手脚，要么咸得下不了口，要么淡得无味。无常的饭菜终于引起了商汤的注意。

就这样，伊尹得到与商汤面对面交流的机会。伊尹后来以惊艳的厨艺和娴熟的政治才华征服了商汤，商汤把毫无地位的庖人一举提为执政大臣。这个华夏史上最早的励志神话造就了一个强大的王朝。伊尹的一生，几乎决定着商王朝的走向，他辅佐商代三朝，直到百岁后去世。《诗经》中《长发》一篇高度赞扬道："昔在中叶，有震且业。允也天子，降予卿士。实维阿衡，实左右商王。"这个阿衡，根据郭沫若的考证，指的就是伊尹。

不可避免，伊尹出现在了甲骨卜辞中——这是中国第一个见之于甲骨文记载的教师、大臣，与帝王并列，被后世祭祀。儒家对他很推崇，孟子说："伊尹耕于有莘之野，而乐尧舜之道焉，非其义也，非其道也，禄之以天下弗顾也，系马千驷弗视也；非其义也，非其道也，一介不以与人，一介不以取诸人。"苏轼说，伊尹是"辨天下之事者，有天下之节者"。

在唐代，陆羽对茶进行美学改造后，很是自得，他在风炉上铸出"伊公羹"与"陆氏茶"，认为"陆氏茶"是可以与"伊公羹"相媲美的，是致敬，也是一种自信。

孔子整理过的《周礼》里，最大的官员便是大厨子（冢宰），阅读这本儒家经典之作，我们会获得非常强烈的饮食印象。根据张光直的统计，负责王宫事务的近乎4000人中有2271人是掌管食物和酒的，比例高达60%。其中，162位"营养"大师负责天子、王后及王子的日常饮食；70位肉类专家、128位厨子负责"内宫"消耗；128人负责外宫（即客人）的饮食；62位助理厨师、335人专职负责供应谷物、蔬菜和水果；62 人专管野味；342 人专管鱼的供应；24 人专门负责供应甲鱼和其他甲壳类食物；28 人负责晾晒肉类；110 人供酒；340 人上酒；170 人专司所谓的"六饮"；94 人负责供应冰块；31 人负责竹笋；61 人上肉食；62 人负责泡制食物和酱类调味品；还有 62 个盐工。当然，其中还不包括各种酒监与酒政。

要治理天下，首先要过饮食关，"仓廪实而知礼节，衣食足而知荣辱"，物质与精神的关系，管子早有定论。只不过，在茶与酒这里，物质与精神二者被高度结合。当下，饮茶、喝酒成为大众休闲文化的重要组成部分，正是物质高度发展的结果，从食物到品饮的过渡，其本身就是文明的一大进步。在漫长的历史中，茶酒是精神的奢侈品，并非人人都能享受其精神价值。

我们注意到这样一个事实：后世大凡谈论美食的文章，基本都脱离不开伊尹的美食论，能做的只是在细节部分缝缝补补罢了。美食文章历代不衰，得益于伊尹的贡献，现在几乎所有媒体都有与美食相关的栏目，说中国是一个饮食文化辉煌的国度，一点也不为过。就连《山海经》那样的天书，一开篇就谈怎么吃动物，讨论吃后的利弊关系。

所谓山珍海味，就是美食江山的划分，一方有一方独特的食材与做法，这导致每个人的味蕾记忆各不相同，吃大米还是吃饺子，成为中国南北美食地理界限，而海鲜与山珍又把沿海与内陆区别开来。在这点上，风靡一时的《舌尖上的中国》已然把美食推向了国家主义的高度，厨神与茶神的悠久结合已经造就了华夏饮食的最高形态，调节着不同时代华夏人的神经。吃饭喝茶再也不是单纯的生理需求，还寄托着许多精神追求——饮食可以带来对国家的归属感。

陆羽之前，还没人用一整套饮食理论来说茶，陆羽只是把伊尹的食物论发展成为品饮论。陆羽考察了茶与水、木、火的结合，他发现茶也受时令的影响，同样可以讲究阴阳的调和，也可以把时事融入茶道之中，这样一来，喝茶就可以焕发出人生的别样意义：通过茶去寻找修身养性之道。

陆羽像（出自《陆子茶经》西塔寺刊本）

陆子茶来路不明？

陆羽是弃儿，无人知其父母是谁。这与伊尹非常像。

他在佛家文化熏陶下长大，又不肯剃度出家，反而对儒家入世的精神充满向往。

相貌丑陋不堪，说话结结巴巴，却在戏台上表演出众，被贵人赏识。饱读诗书后，又不肯做官，最后隐居山野，专心事茶。

别人的名字是父母取的，陆羽是自己取的；别人要几生才碰到的事，陆羽一生全部经历过；别人是用语言和文字谈儒释道，陆羽是亲身去经历儒释道；别人因为失意、失志才在山水间寻找寄托，陆羽却是因骨子里热爱山水而四处游历；别人拿茶当药用，陆羽却从茶中发现了与人通融的精神……

陆羽在其自传《陆文学自传》中写到"字鸿渐，不知何许人，有仲宣、孟阳之貌陋，相如、子云之口吃"时，是怀着怎样的心情？

"认识你自己"是西方哲学的一大源头，陆羽穷其一生是不是也在找寻自己？他对茶的兴趣，是不是出自对自身深不可测的命运的另一种观照？或者说，当他宣称发现了茶的秘密之后，他其实也完成了对自己生命的探究？

陆羽研习《周易》后，为自己占得渐卦，卦辞云"鸿渐于陆，其羽可用为仪，吉"，这就是他姓陆名羽字鸿渐的来源。渐卦为异卦相叠，艮下巽上，上卦巽为木，下卦艮为山。卦象为木植长于山上，不断生长。渐，即渐进。鸿雁由海上飞来，先后栖息于滩头、岩石、陆地、树木、山陵、山头，以次而进，渐至高位，最后丰满。到了上九已是"夫无累于物，则其进退之际，雍容而可观矣"。

鸿渐这个名字许多人不会陌生，钱锺书流传甚广的《围城》主人公取的就是这个名字。中国历史上自陆羽之后，也有不少人用鸿渐这个名字，都蕴含着深意与期望。金庸的"降龙十八掌"就有"鸿渐于陆"一招，要义就是不管有多少外力影响，都能化被动为主动。

了解到这些，回头再来打量这个当时还没有姓名的茶神，就不难理解他为何自定姓为"陆"，取名为"羽"，辅以"鸿渐"为字了。他虽是父母生的，但就像大雁忽然从海上而来，寻找那个可以栖息的山木之地。

陆羽的寻找，是从反叛自己的成长开始的。陆羽小的时候，寺庙的和尚教他读书写字，有一天陆羽发问："我们释氏弟子，生无兄弟，死无后嗣。儒家说不孝有三，无后为大。出家人能称有孝吗？"还说："羽将授孔圣之文。"这可激怒了住持，陆羽遭到了惩罚，被派去"扫寺地，结僧厕，践泥污墙，负瓦施屋，牧牛一百二十蹄"。但陆羽并不因此放弃心中的疑问，他无纸学字，以竹划牛背为书，偶得张衡《南都赋》，虽不识其字，却危坐展卷，念念有词。师父知道后，担心儒家著作会影响佛家的权威，就把陆羽禁闭寺中，惩罚他剪花除草，还派年长者管束。

唐代是佛教文化兴盛的时代，像陆羽这样旗帜鲜明地从佛转儒的情况非常罕见。陆羽长大后，选择一个月黑风高的夜晚逃离了寺庙。后来混迹于戏班子，开始了优伶的生涯。

这是一个奇特的选择，对于无父无母、无牵无挂的人，寺庙往往是一个绝佳的选择，而孤儿陆羽却会问出惊人的儒孝问题；他舍弃寺庙，选择做可以体验不同人生的戏子，从单一向多彩过渡，并在编写笑话和舞台表演上展示出惊人的才华，因此得到竟陵太守李齐物的赏识。

天宝五年（746），李齐物把陆羽推荐给隐士邹夫子为徒，陆羽的人生再次由闹转静。系统学习了六年后，陆羽于天宝十一年（752）别师出山。之后陆羽与竟陵司马崔国辅相识相知，开始了他一生品茶鉴水的生涯。

天宝十五年（756），陆羽出游巴山峡川，沿途考察茶事。一路之上，他逢山驻马采茶，遇泉下鞍品水，所到之处，都关茶水之事。

关于他品水的本领，张又新的《煎茶水记》里有记载。陆羽把天下水分为二十等，有"楚水第一，晋水最下"的论断。而之前的品鉴功夫，更是令人绝倒。李季卿一直仰慕陆羽，曾去扬州拜访他。李季卿带来南零水供陆羽泡茶，陆羽品鉴后说，这个水是江水没有错，但绝不是南零水，像是岸边的水。品到后半段，陆羽说这才是南零水呀。站一边的侍从打心眼里服了，一开始他还坚持说水是自己亲手打的，后来他承认，从南零打的水靠岸时已经倒泻了一半，于是从岸边打了水加进去。陆羽的神鉴本领令李季卿一行莫不骇愕，又深被折服。

陆羽自己作过一首诗明志："不羡黄金罍，不羡白玉杯。不羡朝入省，不羡暮入台。千羡万羡西江水，曾向竟陵城下来。"后来陆羽曾被皇帝诏拜为太子文学，又徙太常寺大祝，但他并没有就职。"月色寒潮入剡溪，青猿叫断绿林西。昔人已逐东流去，空见年年江草齐。"带着对山水的情怀，公元760年，陆羽从栖霞山麓来到苕溪（今浙江湖州），开始隐居，专注《茶经》创作。

我喜欢欧阳修写的这段："朋友燕处，意有所行辄去，人疑其多嗔。与人期，雨雪虎狼不避也。"

不和，从人声鼎沸处抽身而去；和，不惧风雪狼虎。这是陆羽。

诗僧皎然有诗作《寻陆鸿渐不遇》："移家虽带郭，野径入桑麻。近种篱边菊，秋来未着花。扣门无犬吠，欲去问西家。报道山中去，归时每日斜。"虽未见陆羽，但陆羽的高蹈尘外的隐士形象已全然被刻画出来。当时的陆羽常身披纱巾短褐，脚着麻鞋，独行野中，深入农家，采茶觅泉，评茶品水，每日都到太阳西下，方号泣而归。魏晋时，阮籍、嵇康等人在山林饮酒长啸，今天名士杯里换了饮品。

　　上元初，更隐苕溪，自称"桑苎（zhù）翁"，阖门著书。或独行野中，诵诗击木，裴回不得意；或恸哭而归，故时谓今接舆也。

长啸短号，持杯低吟。这是陆羽。

喝茶的好处有什么根据？

五行与茶的关系，荣西和尚在《吃茶养生记》里有专门讲述。五行与五方、五味、五藏、五季以及五启对应关系如下：

肝在东，属木，色青，与眼睛、魂有关，嗜酸，是为春。

肺在西，属金，色白，与鼻子、魄有关，嗜辛，乃为秋。

心在南，属火，色红，与舌头、神有关，嗜苦，季为夏。

脾居中，属土，色黄，与嘴巴、志有关，嗜甘，四季攸关。

肾在北，属水，色黑，与耳朵、骨髓、想有关，嗜咸，冬天之谓。

这就是说，一物干系万千事，有天地自然的法则，有身体的内在系统，也有外在显露的情绪。我们试以茶与心脏举例，简要说明这个繁杂的系统。

如果一个人，给别人精神意志颓废之感，加之他的舌头上又生了溃疡，他通常会被认为心脏有内火，或是火毒。这个时候，需要进食带有苦味的东西，苦可以散心火，起到排毒作用。

夏季枝繁叶茂，万物猛长，火邪炽盛，人体受此影响，也会气血过于旺盛，太旺就易积内火，故这个季节需要进食有苦味的食物，茶并非唯一选择，如莲子、橘皮、苦杏仁、苦瓜、百合等都可以，现在更有人以萝芙木佐茶，大有流行之势。

就茶而言，什么季节什么时辰喝什么茶都有讲究。春天喝绿茶的多，夏天喝红茶的多，秋天喝白茶的多，冬天喝普洱茶的多。晚上不建议喝绿茶，绿茶对睡眠会有影响。早上也不建议空腹喝茶，茶会刺激胃。这些都是民间多年的经验。

云南农业大学校长盛军教授，2020 年 4 月公布了他带领团队研究的一些饮茶建议：

1. 普洱生茶最佳品饮周期是 20 年到 30 年。

2. 吃饭时，只能喝熟茶。绿茶遇到牛奶会产生沉淀物。绿茶适合早上喝。

3. 下午可以喝红茶。红茶对更年期女性有特效。

4. 喝茶不仅不会导致骨质疏松，反而会使骨骼更紧密，盛教授自己团队对此进行了人体实验实证。

5. 茶多酚抗炎症效果好。

6. 喝茶效果取决于用量，比如茶影响睡眠，是饮茶量不够导致。这点其他茶学家都讲过，中国工程院院士刘仲华以及浙江大学王岳飞都建议加大饮茶量。到底是多少？约 30 克。如果一泡茶常规是 6~8 克，那么要喝到 5 泡茶。

7. 老百姓比专家懂喝茶。比如奶茶、下午茶，就是民间通过自己的经验总结出来的科学饮茶法，那么多人都在进行人体试验，还不能说明问题？盛军强调说，专家不过是验证了老百姓的经验可靠。

六边形的圆形会不会有些奇怪？

竹编的容器，方为筐，圆为筥。

过去读到筥时就没理解，手上看到的版本皆不顺。有些画了一个样子，也不太说得通。问题出在哪儿？"六出"是什么？许多版本将"六出圆眼"放在一起解释，六边形的圆形？我看过六边形的编织法（可以找到相关网络视频），怎么都出不了圆的效果。如果"圆"是"固"的误抄，再断句成"织之六出，固眼其盖底，若箅篋口，铄之"，就是编织出六边形样子，再把盖底的洞盖住，像箱子口一样，磨削光滑。刚好我找到的类似的篮子底部，完全符合陆羽的描述。而且更巧的是，篮子来自湖州，就是陆羽隐居的地方。

读陆羽的《茶经》，要去揣摩他是从哪个角度看。如果只是一个普通的器物，怎么谈得上讲究？而对竹器而言，大部分编织法是固定的，只在底部、盖子处会有些特殊的编法让器物显得不一样。这也是校注《茶经》茶器部分很难的地方，毕竟是很古老的艺术啊。

陆羽的追求就在那些器具中

"鍑"条这几句要怎么解？

"方其耳，以正令也。广其缘，以务远也。长其脐，以守中也。"

傅树勤、欧阳勋注释版：锅耳做成方的，让其端正；锅边要宽，好伸展开；锅脐要长，使在中心；脐长，水就在锅中心沸腾。

吴觉农注释版：将鍑的耳制成方形，使鍑容易放得平正；鍑边制得宽阔，使能伸展得开；鍑的中心部分要宽，使火力集中于中间。

程启坤、杨招棣、姚国坤注释版：锅耳做成方形的，让其端正；锅边要宽，是为了将火力向全腹蔓延；锅腰要长，使水集中于中心。

蔡嘉德、吕维新注释版：鍑上做方耳，是为了端正鍑边的外沿；鍑上有较宽的边，是为了将火的热力向全鍑引伸；鍑下中心脐较长，是为了使火力有个集中点。

周靖民注释版：锅的两耳做为方形，使它体现得端端正正；锅的口缘向外反唇稍宽一点，可以持久耐用；锅的腹部要深长一些，使一定量的茶汤只能在锅的中层沸腾。

张芳赐、赵丛礼、喻盛甫注释版：锅耳做成方形，取其方正端庄之义；锅边宽一些，取其延伸广阔之义；锅脐做长一点，取其长久居中之义。

　　沈冬梅注释版：锅耳做成方形，能让锅放置端正；锅口缘要宽，使火焰能够伸展；锅底中心（脐）要突出些，使火力集中在锅底。

　　我以为张芳赐等人的见解更符合陆羽的意思。陆羽以陆子自居，本就希望通过器物来阐发儒家之道。

漉水囊来源于寺院

在寺院长大的陆羽，深受佛教用具的影响。

唐代义净（635—713）所撰《受用三水要行法》里说了佛教用水的戒律，也就是许多人熟知的"三水"。

一是时水，指沙弥俗人以手滤漉，观知无虫，而于午前任受饮用之水。按佛教之制，比丘必备的衣具有六件：僧伽黎（大衣）、郁多罗僧（中衣）、安陀会（下衣）、波咀罗（铁钵、木钵、瓦钵等）、尼师坛（坐具）和骚毘罗——这个骚毘罗就是漉水囊，用以漉去水中微虫。二是非时水，意思就是这样的水不一定有时间限制，当时取用可，稍后使用也可。水同样经过过滤后，放在储水器皿中，预备着。三是触用水，言下之意，就是用来洗东西的水，包括手、足、脸、头、其他六物以及大小便处之水。

佛教徒因为三水，会因受用、准备、贮藏等之不当，触犯六种乃至一万五千四百八十罪。陆羽的二十四件饮茶道具中，漉水囊不仅仅是过滤杂物的卫生工具，还是不杀生的道具。

而实际上，在没有带漉水囊的情况下，僧人会选择其他的过滤方式。比如用衣角来过滤，或在水壶、瓶子一类的器皿开口处，挂布过滤。这样的用水方式，一旦与茶结合，就成为一种于普通民众而言的新奇方式，并被当作喝茶的必要程序而流传下来。

茶人用瓷的偏见

陆羽讲碗这段，引发了史学大家范文澜的批评。

范文澜在《中国通史》第三编认为："陆羽按照瓷色与茶色是否相配来定各窑优劣，说邢瓷白盛茶呈红色，越瓷青盛茶呈绿色，因而断定邢不如越，甚至建议取消邢窑，不入诸州品内……瓷器应凭质量定优劣，陆羽以瓷色为主要标准，只能算饮茶人的一种偏见。"

这当然是茶人的偏见，实用是偏见，审美更是偏见。因为有偏见，才有一系列茶器诞生，不然，都是酒器、生活用器，何来茶生活？陆羽追求的，是通过喝茶而实现人生的理想。

日本千家第十五代家祖千宗室在《茶经与日本茶道的意义》里说，陆羽茶器部分说到茶碗才算到了高潮，精彩万分。他觉得越州的碗很不错，现在绍兴出的就比较好。陆羽说越州窑的时候，没有单纯赞赏器具的艺术价值。千宗室觉得陆羽并不关心茶碗的艺术价值，而只关心茶碗的实用价值。

其一，看茶注入碗后，茶色与碗色的和谐。茶碗的颜色过白，茶色也发白，茶水就不明显。茶必须要呈绿色，所以带绿色的越州碗最合适。决定器具良否的条件，是器具与茶的颜色是否配。其二，顺不顺手，方不方便。越州碗碗口不反卷，碗底既卷又浅，用着方便。千宗室又举了其他器具的例子，都是谈实用价值。千宗室说，这就与日本茶道比较重视茶碗的艺术价值有很明显的不同。

日本茶道中，赏碗是非常重要的环节。而在今天中国的茶道生活里，看干茶、闻香以及看叶底才重要。日本打抹茶没有叶子可以看。在国外，也有许多人喝了一辈子茶都没有见过茶叶，他们喝袋泡茶。

范文澜与千宗室看到的中国，是一个有茶饮水饱的中国，不是审美的中国。

五
之
煮

原文译注

凡炙茶，慎勿于风烬间炙。熛（biāo）焰如钻，使炎凉不均。持以逼火，屡其翻正，候炮普教反[1]出培塿状，虾蟆背，然后去火五寸。卷而舒，则本其始又炙之。若火干者，以气热止[2]；日干者，以柔止。

烤饼茶，注意不要在通风的余火上。如果突然飞迸的火焰卷聚到茶饼的某一点，茶饼就会受热不均。持茶近火，不停翻动，等到茶饼表面被烤出像蛤蟆背上一样突起的小疙瘩时，拿饼离火五寸。等到卷曲突起的茶饼表面又舒展开来后，再按先前的方法烤一次。如果茶饼是用火烘干的，那么烤到热为止；如果茶饼是晒干的，则要烤到柔软为止。

1　反，就是反切，一种传统的注音方法，用两个字来注另一个字的音。"普"的声母与"炮"相同，都是 p，"炮"的韵母与"教"的韵母相同，都是 ao，p 与 ao 相切就是"炮"的发音。

2　"若火干者，以气热止"中的"热"，百川学海本以下诸本都是"熟"字。但是，真要把饼烤熟么？这符合常识么？考虑到热的繁体字"熱"与"熟"很接近，傅树勤、欧阳勋推测抄错的可能性极大。"热"也更贴近原义，熟了就没有"蛤蟆背"了。烤饼是反复进行的，与今天烧烤类似。当然，用"熟"也说得通，毕竟有"生"做描述对比。

其始，若茶之至嫩者，蒸罢热捣，叶烂而牙笋存焉。假以力者，持千钧杵亦不之烂。如漆科珠，壮士接之，不能驻其指。及就则似无穰（ráng）骨也。炙之则其节若倪倪，如婴儿之臂耳。既而承热用纸囊贮之，精华之气无所散越。候寒末之。末之上者，其屑如细米。末之下者，其屑如菱角。

刚开始做茶饼的时候，若是很柔嫩的茶叶，蒸茶后趁热舂捣，叶子捣烂了，而芽头还在。如果只用蛮力，用千斤重杵也无法捣烂。就如同漆做的空珠子，力气再大的人也不能用手指捏住，因为它就没有筋骨啊。饮用时取出的茶饼，经过火烤，就会柔软得像婴儿的手臂。烤好之后，趁热用纸袋装起来，使它的香气不致散失，等冷却了再碾成末。上等的茶末，其碎屑如细米；下等的茶末，其碎屑如菱角状。

其火用炭，次用劲薪。谓桑、槐、桐、枥之类也。其炭经燔（fán）炙，为膻腻所及，及膏木、败器不用之。膏木为柏、桂、桧也，败器谓朽废器也。古人有劳薪之味[1]，信哉！

---

1 劳薪之味，典出《晋书·荀勖传》，晋代荀勖曾在晋武帝座上进餐，对同座的人说："这饭是用劳薪烧的。"同座的人不信，悄悄派人去问厨下，果然是用旧车轮子烧的。

烧火还是木炭最好,其次才是火力猛的木材。如桑、槐、桐、枥之类的木材。烤过肉、染上了腥膻油腻气味的木炭以及有油脂的木材如柏、桂、桧等之类和朽坏的木器如破败的木器,都不能使用。古人说用不适宜的木材烧煮食物会有怪味,确实如此。

其水,用山水上,江水中,井水下。《荈赋》所谓:"水则岷方之注,挹彼清流。"其山水,拣乳泉石池漫流者上;其瀑涌湍漱,勿食之,久食令人有颈疾。又多别流于山谷者,澄浸不泄,自火天至霜郊以前,或潜龙蓄毒于其间,饮者可决之,以流其恶,使新泉涓涓然,酌之。其江水取去人远者,井取汲多者。

煮茶水,以山泉水最好,江水次之,井水较差。杜育《荈赋》中说,要用岷地流淌出来的清流。用泉水时,选用从钟乳石、石池缓流而出的水为最佳;至于瀑涌般的激流水最好不要喝,如长期饮此水,会导致颈部疾病。另外,山谷中多支流泉溪水汇成的死潭水,虽清但没有流动,自炎夏到霜降前,可能有蛇蟒之类的动物遗毒其间,如要饮用这种水,可以先挖开疏导,让久蓄不动的污水流走,让新的山泉水细细流进来,这样方可汲取煮茶喝。江河的水,要远离民居的地方才好,井水要从经常打水的井口取。

其沸如鱼目，微有声，为一沸。边缘如涌泉连珠，为二沸。腾波鼓浪，为三沸。已上，水老，不可食也。

初沸，则水合量，调之以盐味，谓弃其啜余。啜，尝也，市税反，又市悦反。**无乃餡餡**(gàn tàn)**而钟其一味乎？**上古暂反，下吐滥反，无味也。**第二沸出水一瓢，以竹筴环激汤心，则量末当中心而下。有顷，势若奔涛溅沫，以所出水止之，而育其华也。**

烧水，水出现鱼眼般水泡，发出微微之声，是一沸。锅边像泉涌连珠时，是二沸。水像波浪般翻腾时，是三沸。再煮下去，水就老了，不可以喝了。

刚开始沸腾时，根据水的多少放入适量的盐调味，取一点水来试下味道，并将尝过的剩下的汤倒掉，没有味道就要来点滋味。第二沸的时候，取出一瓢水，用竹筴在汤的中间绕圈搅动，再用则量取适当的茶末投放进去。稍等片刻，水会沸腾得像波涛一样，溅出泡沫，这时将先前舀出的水加进去止沸，以保留茶汤中的精华。

凡酌，置诸碗，令沫饽均。《字书》并《本草》：饽，茗沫也。蒲笏反。**沫饽，汤之华也。华之薄者曰沫，厚者曰饽。细轻者曰花，如枣花漂漂然于环池之上；又如回潭曲渚青萍之始生；**

又如晴天爽朗，有浮云鳞然。其沫者，若绿钱浮于水滨，又如菊英堕于镈俎（zūn zǔ）之中。饽者，以滓煮之，及沸，则重华累沫，皤（pó）皤然若积雪耳。《荈赋》所谓"焕如积雪，烨（yè）若春敷"，有之。

斟茶汤入碗时，要让沫饽均匀。《字书》并《本草》说：饽，是茶沫。沫饽是茶汤的精华。薄的叫沫，厚的叫饽。细轻的叫花，就像枣花漂漂然于环池之上。又如回潭拐弯处青萍初生。又如晴天爽朗，有浮云鳞然。沫，就像绿苔浮于水面，又如菊英落于酒杯之中。饽，是用茶滓煮出来的，沸腾时茶沫不断积压，白白的一层像积雪一样。《荈赋》所谓"焕如积雪，烨若春敷"，就是这样啊。

第一煮水沸，而弃其沫，之上有水膜，如黑云母，饮之则其味不正。其第一者为隽永，徐县、全县二反。至美者曰隽永。隽，味也；永，长也。味长曰隽永。《汉书》：蒯通著《隽永》二十篇也。或留熟以贮之，以备育华救沸之用。诸第一与第二、第三碗次之，第四、第五碗外，非渴甚莫之饮。凡煮水一升，酌分五碗。碗数少至三，多至五。若人多至十，加两炉。乘热连饮之，以重浊凝其下，精英浮其上。如冷，则精英随气而竭。饮啜不消亦然矣。

第一次煮开的茶水，要把沫去掉，上面有像黑云母样的水膜，口感实在太差，味道不好。第一道水，名叫"隽永"，就是甘美而意味深长、耐人寻味的意思。通常贮放在熟盂里，以作育华止沸之用。以下第一、第二、第三碗，味道略差些。第四、第五碗之外，如不是渴得太厉害，就不值得喝了。一般烧水一升，分作五碗。碗数少则三碗，多则五碗，如果饮茶人数多达十人，可以加两炉。趁热接着喝完，因为重浊不清的物质凝聚在下面，精华浮在上面，茶一冷，精华就随热气跑光了。要是喝得太多，也同样不好。

茶性俭，不宜广，广则其味黯澹。且如一满碗，啜半而味寡，况其广乎！其色缃也。其馨欸（sǐ）也。香至美曰欸，欸音使。其味甘，槚也；不甘而苦，荈也；啜苦咽甘，茶也。《本草》云：其味苦而不甘，槚也；甘而不苦，荈也。

茶性俭，不宜放开喝，多喝味道必然不佳。即便是一碗满茶，喝了一半，都会觉得余下的味道差些，更何况喝那么多碗呢！茶汤的颜色浅黄，香气四溢。味道甜的是槚，不甜而苦的是荈，入口时有苦味而咽下去有余甘的是茶。《本草》说：味道苦而不甜的是槚，甘而不苦的是荈。

蛤蟆背

在炙烤茶饼的时候，陆羽用蛤蟆背来形容，真是形象万分。蛤蟆背就是有很多个蛙皮状不规则的小疙瘩，饼茶内有水分，加热后水汽溢出，热膨胀容易撑起小泡，有密集恐惧症的就不要去联想了。

蛤蟆背这个称呼在今天的岩茶评审中很重要，同样是指在焙火的时候，茶叶因为受热而形成的气泡。蛤蟆背不一定是好岩茶的标志，但一定是好火功的标志。

"漆科珠"难倒智者无数

"如漆科珠,壮士接之,不能驻其指"。漆科珠,到底是什么?吴觉农认为是漆料珠,没有进一步解释。张芳赐认为是漆树子,沈冬梅也同意,但还是不太好理解。

漆树子是无法玩的,而且许多人对漆树过敏。

我以为漆科珠应该是大漆做的珠子才是。下文还有"似无穰骨也",就更解释得通了。没有梗的茶,树汁做的球,没有骨的禾,道理一样。

"科"通"窠",空的意思。《周易》有云:"其于木也,为科上槁。"《孔颖达疏》:"科,空也。阴在内为空。木即空中者,上必枯槁。"

方健在《中国茶书全集校证》里怀疑"科"是"颗",颗珠就是圆珠,不过他也觉得勉强。日本的大典禅师以及青木正儿读到"漆科珠"都摇头说搞不懂。

细读下来,"漆科珠"为《茶经》第一难懂之处,希望有人提出合理的新看法。

烧水的常识

谚语说开水不响，响水不开，听声辨水有科学依据。

烧水的时候，在下层的水随着温度上升会往上浮，上层的水温度低会下沉，所以随着加热时间的延长，上面的温度会高于下面的温度，中间的水温是最低的，这个现象叫作对流。水对流就会翻腾，发出响声。另一方面，随着水温的升高，空气的溶解度开始下降，就会有气泡从底层溢出，随着上升的水流浮到表面，"鱼眼""蟹眼"就是指这些气泡。我们听到的响声，也是这些气泡破裂引发的。水面温度越高，气泡破裂得就越多、越快，在水开前声音也越响。

干预水温通常的办法是搅动，上面沸腾了，下面仍温度低，搅拌一下整体温度就降下来了。成语"扬汤止沸"说的就是这么回事。

现在都是用智能烧水壶，打开烧水壶盖子就可以观察。用透明的烧水壶就更有趣味。这些在城市里显得无关紧要的常识在我们偶尔外出在户外烧水时就变得重要了。不是用燃气灶而是用柴火烧水的时候，防止水烧老是门手艺活儿，不要动不动就来个釜底抽薪。

现在泡茶，比如普洱茶、岩茶，要求都是 100℃，有些绿茶、红茶是 70℃ ~80℃，甚至更低，温度一高就浑浊不堪。喝茶的时候，最好要看下泡茶的温度说明。

最后可以读读张源的《茶录》，陶冶情操。

"汤有三大辨、十五小辨。一曰形辨，二曰声辨，三曰气辨。形为内辨，声为外辨，气为捷辨。如虾眼、蟹眼、鱼眼连珠，皆为萌汤；直至涌沸如腾波鼓浪，水气全消，方为纯熟。如初声、转声、振声、骤声，皆为萌汤；直至无声，方为纯熟。如气浮一缕、二缕、三四缕，及缕乱不分，氤氲乱绕，皆为萌汤；直至气直冲贯，方是纯熟。"

［南宋］刘松年《撵茶图》（局部）

加盐是为了甜

要想甜，加点盐，这是一个生活常识。

经常可以看到水果摊小贩在摊位上拿个塑料瓶，来回喷洒，里面装的是淡盐水。西瓜与菠萝是加盐变甜的例子，有人解释说是因为先感受到咸味再感受到甜味，自然会感觉更甜，听起来像味觉欺骗。我查阅了一些文献，大致是说，在低浓度的时候，咸确实会增加甜感，但随着浓度的增强，就会有抑制的作用。

现在内蒙古、青海、西藏一带喝奶茶，都有加盐的习惯。但肯定与陆羽时代的加盐不一样，有些学者解释说加盐是为了提鲜，有些说是为了降涩，照我观察，是习惯更多些。我去内蒙古四子王旗、青海省青海湖边考察的时候才发现，他们喝的水天然就带着咸味。我现在也喝不惯奶茶，就是因为觉得太咸了。我多次问不同地方的人，为什么要加那么多盐，他们反问：不加盐怎么喝？

古典时期的朦胧美

一方绿叶，从无名无声到叮叮咚咚，再至人声鼎沸，如泣如诉，在尘世间响起，其间到底经历了什么？

茶人事茶，茶客品茶，各自有其志趣，表述却完全是另一回事。

陆羽说："华之薄者曰沫，厚者曰饽。细轻者曰花，如枣花漂漂然于环池之上；又如回潭曲渚青萍之始生；又如晴天爽朗，有浮云鳞然。其沫者，若绿钱浮于水滨，又如菊英堕于鐏俎之中。饽者，以滓煮之，及沸，则重华累沫，皤皤然若积雪耳。"

真是美，一碗之上，翻云生春，覆雨成冬。

杜育说："惟兹初成，沫沈华浮，焕如积雪，烨若春敷。"

夏茂、秋落、冬锁而春敷，一叶一汤就可以让世界明亮、繁华起来，夏现冰雪，冬呈春意。

没有多少人会记得茶最初的容颜，它与云雾、雨露为伴，自生自灭。

茶不经意跌入人间后，在杯中召唤沸水，发出嘤嘤之声，等待那些懂自己的人。

隽永是茶味的第一个表述

隽永主要是用于形容言辞、诗文，表示意味深长、引人入胜，有如余音绕梁，三日不绝，讲究言有尽而意无穷。

在陆羽之后，隽永也被广泛用于形容茶味回甘。郭沫若喝茶的时候，就像陆羽附体一样："大使馆是租住的，陈设相当堂皇。喝一盏盖碗的中国茶，特别感觉着隽永。"(《苏联纪行·六月廿日》)

宋代王柏的《和立斋荔子楼韵》写道："呼童烹露芽，蟹眼时一斟。是中有隽永，透入肝肠深。"王柏还有《和遁泽武夷石乳吟》："燕闲消息已潜通，满阁遗书须细穷。淡而不厌真隽永，不在松风蟹眼中。"

茶香书香是宋代读书人的日常场景，茶味与诗书隽永。苏辙有《次韵子瞻道中见寄》，读来满口含香。

> 兄诗有味刻隽永，和者仅同如画影。
>
> 短篇泉冽不容挹，长韵风吹忽千顷。
>
> 经年淮海定成集，走书道路未遑请。
>
> 相思半夜发清唱，醉墨平明照东省。

南来应带蜀冈泉，西信近得蒙山茗。

出郊一饭欢有余，去岁此时初到颖。

百余年来，喝茶日益程序化、工具化、显微镜化、化学分子式化，古典时期的朦胧美消失了，隽永之味消失了，人们纷纷把赞歌献给氨基酸、茶多酚、生物碱……

茶性俭，不宜广

"茶性俭，不宜广，（广）则其味黯澹。"流通诸本皆如此，百川学海本等古本都没有"广"，沈冬梅疑为原书脱字，据明代王圻《稗史类编》增一字。如果没有这个"广"字，通不通？

我重新断句看看，"茶性，俭不宜，广则其味黯澹"，翻译如下："茶性，俭不宜，你要是多喝几碗，味道必然不佳。"这样也符合上下文，是在讲喝茶的人数与碗数，而不是像有些解释说是讲水量，更不是说人多了不好，是说茶本身只能这么喝才好喝，人多茶就不好喝了，体会不到茶的真味。

［唐］周昉《调琴啜茗图》（局部）

茶之用水：洁、冽、细、漫、新、活

泡茶的山水，特指自然之山泉水。自然水中又以乳泉最好，乳泉，是山洞之中石钟乳上滴下来的水，顺着石池慢慢流出、经过沉淀后自然澄清的最好。李白写仙人掌茶时，特别写到钟乳。

杜育的"挹彼清流"，是讲究慢流沉淀的重要性。要是水流太大，形成瀑布之势，饮用就要小心了，因为这些水会致人染疾。在山泉中，有些分支溪流很小，常年不流动，已经变成死潭，在立夏到霜降这段时间里，会有许多有毒蟒、蛇一类的毒物遗毒积蓄其中，饮用之人要小心分辨，以免受其感染。倘若不得不用，就要挖开一个口子，先让死水、毒水流出，让新泉注入，这样取出来的水才能泡茶。

至于江水，要跑很远的地方打，条件不便利，故取者不多。

井水，因为便捷，用的人多。井水打出来，要静置一段时间。

茶水的要义就是：贵洁、贵冽、贵细、贵漫、贵新、贵活。

从唐代开始的茶水战争

先秦时，人们已将水分为"轻水""重水""甘水""辛水""苦水"五种。《吕氏春秋》里提出的"流水不腐，户枢不蠹"已是经典观点。古人认为，喝水太少会使人秃头、咽喉患病，喝水太多使人脚肿麻痹，多喝甜水会使人美好、有福相，喝辛辣的水太多会使人长恶疮、生皮肤病，苦水喝得多会令人驼背、患鸡胸。凡吃东西不要吃味道太强烈厚重的，不要用太强烈的味道、浓烈的酒去调味，因为这都是致病的根源。

陆羽之前，没有专属泡茶水。我们来看看记在陆羽名下的宜茶之水名单：

第一，庐山康王谷水帘水；

第二，无锡惠山寺石泉水；

第三，蕲州（今湖北浠水）兰溪石下水；

第四，峡州（今湖北宜昌）扇子山下的蛤蟆口水；

第五，苏州虎丘寺石泉水；

第六，庐山招贤寺下方桥潭水；

第七，扬子江南零水（今江苏镇江一带）；

第八，洪州（今江西南昌）西山瀑布水；

第九，唐州（今河南泌阳）柏岩县淮水源；

第十，庐州（今安徽合肥）龙池山岭水；

第十一，丹阳县观音寺水；

第十二，扬州大明寺水；

第十三，汉江金州（今陕西石泉、旬阳）上游中零水；

第十四，归州（今湖北秭归）玉虚洞下香溪水；

第十五，商州（今陕西商县）武关西洛水；

第十六，吴淞江水；

第十七，天台山西南峰千丈瀑布水；

第十八，郴州圆泉水；

第十九，桐庐严陵滩水；

第二十，雪水。

唐代张又新不仅记载了陆羽品水的传奇故事，还记载了刑部侍郎刘伯刍的另一份品水排名：

扬子江南零水第一；

无锡惠山寺石泉水第二；

苏州虎丘寺石泉水第三；

丹阳县观音寺水第四；

扬州大明寺水第五；

吴淞江水第六；

淮水最下，第七。

张又新为了验证，自己跑到泉水所在地验证，他是怎么泡的呢？

在桐庐严子陵钓台，张又新用陈黑的坏茶来泡，都能泡出芳香。再泡佳茶，不可名其鲜馥。他得出的结论是，陆羽与刘伯刍的品水功夫值得怀疑。

他并不是第一个质疑的人。宋代欧阳修写《大明水记》，指出陆羽《茶经》和张又新的《煎茶水记》逻辑上的矛盾：江水在山水之上、井水在江水之上，均与《茶经》相反。陆羽一人却有如此矛盾的两种说法，其真实性待考，或为张又新自己附会之言，而陆羽分辨南零之水与江岸之水的故事更是虚妄。水味仅有美恶之分，将天下之水列分等级实属妄说，是以所言前后不合。陆羽论水，嫌恶停滞之水、喜有源之水，因此井水取常汲的。江水虽然流动但有支流加入，众水杂聚故次于山水，其说较近于物理。

到了明代，徐献忠在《水品》中为陆羽辩护，他说陆羽能辨别扬子江南零水的水质，并非张又新瞎说乱讲。他觉得"南零洄洑渊渟，清激重厚，临岸故常流水尔，且混浊迥异，尝以二器贮之自见。昔人且能辨建业城下水，况零、岸固清浊易辨，此非诞也"。徐献忠没有办法建议欧阳修亲自验证了，只能说欧阳修不是实践派。当然，徐献忠也批评了陆羽品水粗的一面。他说："山东诸泉，类多出沙土中，有涌激吼怒，如豹突泉是也。豹突水，久食生颈瘿，其气大浊。"当然，泉水会因为大环境改变而改变。

说泉水，得另写一本书才能说尽。

田艺衡为《水品》所作序中有句话，读来令人欢喜：

尘吻生津，自谓可以忘渴也。

六

之

饮

原文译注

翼而飞，毛而走，呿（qū）而言，此三者俱生于天地间，饮啄以活，饮之时义远矣哉！至若救渴，饮之以浆；蠲（juān）忧忿，饮之以酒；荡昏寐，饮之以茶。

禽鸟有翅而飞，兽类毛丰而跑，人开口能言，这三者都生在天地间，依靠喝水、吃东西来维持生命活动。可见饮的作用重大，意义深远。为了解渴，则要喝水；为了消愁，则要喝酒；为了提神，则要喝茶。

茶之为饮，发乎神农氏，闻于鲁周公，齐有晏婴，汉有扬雄、司马相如，吴有韦曜，晋有刘琨、张载、远祖纳、谢安、左思之徒，皆饮焉。滂时浸俗，盛于国朝，两都并荆渝间，以为比屋之饮。

茶作为饮品，始于神农氏，闻于鲁周公。春秋时齐国的晏婴，汉代的扬雄、司马相如，三国时吴国的韦曜，晋代的刘琨、张载、我的远祖陆纳、谢安、左思等人都爱喝茶。茶风流行，到唐朝大盛。在长安（今西安）、洛阳两个都城和荆州（今湖北）、渝州（今重庆）等地，已然家家户户饮茶。

饮有觕（cū）茶、散茶、末茶、饼茶者。乃斫（zhuó）、乃熬、乃炀（yáng）、乃舂，贮于瓶缶（fǒu）之中，以汤沃焉，谓之痷（ān）茶。或用葱、姜、枣、橘皮、茱萸、薄荷之等，煮之百沸，或扬令滑，或煮去沫，斯沟渠间弃水耳，而习俗不已。

茶的种类，有粗茶、散茶、末茶、饼茶。经过刀劈、汤熬、火烤、石捣，放到瓶缶中，用开水冲泡，这叫作痷茶。或加葱、姜、枣、橘皮、茱萸、薄荷等，煮开很长的时间，将茶汤搅至稠滑，或煮好去沫，这样的茶汤无异于沟渠里的废水，不过吃茶习俗罢了！

於戏（wū hū）！天育万物，皆有至妙。人之所工，但猎浅易。所庇者屋，屋精极；所著者衣，衣精极；所饱者饮食，食与酒皆精极之。

呜呼哀哉！天育万物，皆有至妙。人能做的，只是很浅层的部分。

所以建房子，就要盖精舍；裁衣服，就要缝华服；日常饮食，食物
与酒都要喝最好的。

茶有九难：一曰造，二曰别，三曰器，四曰火，五曰水，
六曰炙，七曰末，八曰煮，九曰饮。

阴采夜焙，非造也。

嚼味嗅香，非别也。

膻鼎腥瓯，非器也。

膏薪庖炭，非火也。

飞湍壅潦，非水也。

外熟内生，非炙也。

碧粉缥尘，非末也。

操艰搅遽（jù），非煮也。

夏兴冬废，非饮也。

茶有九难：一曰造，二曰别，三曰器，四曰火，五曰水，六曰炙，
七曰末，八曰煮，九曰饮。

阴天采，夜间焙，制造不当。

口辨味，鼻闻香，鉴别不当。

膻气鼎，腥气碗，器具不当。

油脂柴，烤肉炭，燃料不当。

激流水，死潭水，用水不当。

饼外熟，饼内生，炙烤不当。

绿粉末，白茶灰，研磨不当。

操不熟，搅太急，烧煮不当。

夏天喝，冬不饮，饮时不当。

夫珍鲜馥烈者，其碗数三。次之者，碗数五。若座客数至五，行三碗；至七，行五碗；若六人以下，不约碗数，但阙一人而已，其隽永补所阙人。

珍鲜馥烈之茶，最好分三碗。其次是五碗。假若喝茶的客人达到五人，就舀出三碗传着喝；达到七人，就舀出五碗传着喝；假若是六人，不必管碗数（意谓照五人那样舀三碗），只不过缺少一人的罢了，那就用隽永来补充。

茶祖是谁

　　这个问题经常出现在茶艺评比的环节。在成都，遇到的答案会是吴理真。在西双版纳与普洱，答案是诸葛亮。在江浙一带，答案或许是陆羽。在湖北，肯定是陆羽。但在湖南，茶祖就变成了神农。

　　有一次我在丽江，虽同样是评委，我也忍不住向另一个评委要答案，因为她才是出题者。她倒是很轻松地告诉我，哪个都行。

　　陆羽说，茶发乎神农，之后神农便成为茶祖。吴觉农却不这么看，他的理由是，既然现代科学肯定西南是茶树的原产地，那么在战国之前神农是不可能饮用到茶的，当时的茶尚未传到中原地区，《茶经》里许多关于茶的传说也就不可靠，比如春秋时代的晏婴之"茗"就与茶无关。

　　"神农尝百草，日遇七十二毒，得茶以解之"，这句经常出现在茶书里的话，在竺济法缜密的考证下，被证明是清代才出现的材料。[1]当然，这不影响陆羽所说"茶之为饮，发乎神农氏"在民俗学上的继续发力。竺济法的评述也有很意思，他认为"神农得茶解毒"之

说是否出于《神农本草经》并不重要，否定该书"神农得茶解毒"之说，丝毫不影响神农的茶祖地位，而将找不到出处的说法硬是"莫须有"地加于其上，无异于"皇帝的新装"。竺济法说，有位蔡姓教授书写了一大本，却连一段材料出自哪里都不知道，实在说不过去。

在中国，茶祖成了一个概率事件，这取决于你遇到谁。

如果在 30 年前你遇到云南茶人，诸葛亮是茶祖的概率要大一些，而如果你现在遇到云南茶人，布朗族的茶祖叭哎冷（音）以及傣族的茶祖召糯腊（音）的名字都会出现。这得益于当代媒体的传播，央视纪录片《茶：一片树叶的故事》较大范围传播了景迈山茶祖的故事，而景迈山的"申遗"又把茶山的风土大范围地传播出去，短短数年时间里，景迈山成为云南名气前三的茶山。

我采访过一些老茶人，问他们为什么会认为诸葛亮是茶祖，他们的答案大致相同，理由也似乎很有说服力："诸葛亮开发了边疆，对边疆有功。何况，诸葛亮名气更大啊！"寻找一个强有力的汉文化符号，对边疆与边民来说，意义重大。他们需要被纳入汉文化的体系中，进而强化自己非"蛮夷"的身份。而这几年，我遇到的年轻茶人就会认为，既然自己有本土乃至本民族的茶祖，为什么还要去认一个"外人"。在景迈山，芒景的茶祖是叭哎冷，而景迈大寨等傣族村子的茶祖是召糯腊。一座山上，有两个茶祖，体现了云南茶文化的丰富与多元。

现在的普洱市中华茶博苑里的茶祖庙里，供奉着三位茶祖：神农、叭哎冷以及陆羽。尽管诸葛亮的雕像现在还在普洱市主干道上，但他显然没有再次获得入庙的资格。然而长期以来，"孔明兴茶"一直是当地汉文化发展茶业的主题。当地人流传着一种说法，称三国时期，当地人要跟随孔明去成都，孔明叫他们头朝下睡，马向南拴，但当地人却头朝上睡，马向北拴，结果没有跟上孔明。孔明回望之时，看到当地人没有跟上来，就撒下三把茶籽说："你们吃树叶！穿树叶！"就这样，当地人学会了靠栽茶生活。诸葛亮为什么要当地人吃茶呢？因为当年诸葛亮南征的部队遇到瘴气中毒，最后是用茶叶克服了疾病。（蒋铨，《古六大茶山访问记》）2018 年，古六大茶山感念诸葛孔明兴茶大德，在祭风台立茶祖汉白玉雕像，我受邀前往，至此云南茶叶终于迎来了全盛时代。

传说布朗族祖先叭哎冷率众与其他民族激战，中途退守景迈山茶区，因水土不服，将士受到感染，不战而败，眼看就要全军覆没。有人在无意中抓下树上的叶子入口，神奇的事情发生了，他们感觉疲惫病痛开始消退，原来这里居然就生长着救命的解药！

于是叭哎冷下令全军服用，茶到病魔皆除，他们击溃追军，之后留守山中。茶给予了布朗族存活的机会，叭哎冷便号召布朗族尊茶为神，为茶修枝剪叶，保护茶园，而叭哎冷则被后人奉为"茶神"。

其他茶神还有：

葛玄，东汉人，活了 80 岁，在那个时代，是年高德勋之人，被尊称为葛天师，是道教的四大天师之一。据说他曾在浙江台州开启人工种植茶叶的先河。所以，台州人尊他为茶祖。

支遁，字道林，晋代佛门高僧，世称支公，是浙江新昌大佛寺的开山祖师，和王羲之、谢安等名士都有交往。有人统计过，在《世说新语》里，关于支遁的记载就有40多条。

梅福，生于西汉末年，曾经是安徽寿县的一个小吏，后避祸到临安隐居。据说，他曾经在九仙山和天目山种植茶树。后来，他的后人迁居到杭州梅家坞，种出龙井茶。

吴理真，传说他最早在蒙顶山发现野生茶的药用价值，并移植了七棵茶树，被尊为"种茶始祖"。

真武大帝，是道教谱系里的大神，湖北武当山供奉的就是他。有人说他是太上老君的第82次变身，也有人说他是明成祖朱棣的真身。在闽北政和县，每逢茶叶开市，或者农历三月三、五月五，人们都会在古廊桥上敬茶神，敬的便是这真武大帝。

张三公，大名叫张延晖，唐代末年茶农出身，于当地茶业发展有功，去世后，被当地茶农奉为茶神，后由宋代官方主持修建了祭祀庙宇。今福建省建瓯市东峰镇遗存的"恭利祠"，便是张三公张延晖的神庙。

太姥娘娘，据说她因在尧帝时代用茶治好了得麻疹的人，被尧帝封为"太母"，民间称为"太姥娘娘"。今福建福鼎市有她的大型雕像，每年都有祭祀茶祖太姥娘娘的活动。

这是我了解的部分茶祖，此外肯定还有别的茶祖存在。2013年，王冲霄导演的《茶：一片树叶的故事》在央视播出，片中拍摄的布朗族茶祖遗训非常动人："我给你们牛马，怕遭自然灾害死光。要给你们金银财宝，你们也会吃完用完。给你们留下一片古茶园和这些茶树，让子孙后代取之不尽，用之不竭，你们要像爱护自己的眼睛一样爱护它，绝不能让之遗失。"

中国茶祖众多，有神话人物，有真人，这矛盾吗？在民族起源多元、地域跨度很大的情况下，有多向选择并不意味着用一个茶祖去否认另一个茶祖。茶祖的故事是不是史实并不是最重要的，宣称炎黄子孙的人从不会去怀疑炎黄的存在，他们每一次的言说，只会凝结更多有此认同的人。

这也是《人类简史》表述的观点：会讲故事，人类才是人类。美剧《权力的游戏》大结局，小恶魔提里昂推举布兰做国王，布兰有好的出身，又没有后代，更重要的是，他有一个好故事。好故事好过黄金、好过军队、好过旗帜，是世间最有力量的东西。"他是我们的记忆，所有故事的守护者，战争，婚礼，诞生，屠杀，饥荒，我们的胜利，我们的失败，我们的过去。"

我们之所以现在还在喝茶，难道不是因为陆羽讲了一个好的茶故事么？

［明］文征明《浒溪草堂图》（局部）

清饮与混饮

唐代民间的饮茶法，陆羽用了相当大的篇幅记录。先摘录，再评说。

茶的种类，有粗茶、散茶、末茶、饼茶。经过刀劈、汤熬、火烤、石捣，放到瓶缶中，用开水冲泡，这叫作淹茶。或加葱、姜、枣、橘皮、茱萸、薄荷等，煮开很长的时间，将茶汤搅至稠滑，或煮好去沫，这样的茶汤无异于沟渠里的废水，不过吃茶习俗罢了！

《广雅》说："湖北、重庆一带，采茶叶做成茶饼，叶子老的，制成茶饼后，用米汤浸泡。想煮茶喝时，先烤茶饼，待它呈现红色，捣成碎末，放置瓷器中，冲进开水，再放些葱、姜、橘子合着煎煮。喝了它可以醒酒，使人兴奋、不想睡。"

郭璞《尔雅注》说："茶树矮小像栀子，冬天生的叶子，可煮羹喝。现在把早上采的叫'茶'，晚上采的叫'茗'，又有的叫'荈'，蜀地的人叫它为'苦茶'。"

《桐君录》："西阳、武昌、庐江、昔陵等地人喜欢饮茶，而且是主人家都喝清茶。茶有饽，喝了对人有好处。凡可作饮品的植物，大都是用它的叶，而天门冬却是用其根，也对人有好处。又巴东有真茗茶，喝多了睡不着。当地人习惯煮檀叶和大的皂李叶当茶喝，清凉爽口。另外，南方有瓜芦树，它的叶子大一点，也像茶，又苦又涩，制取为屑茶，喝了也可以整夜不眠，煮盐的人全靠喝这个。交州和广州很重视这种茶，客人来了，先用它来招待，还要加一些香料。"

陆羽厉害的地方就在于记录清晰，某地有某茶，某茶有某种喝法，我们今天读来，宛如走进唐代茶饮地图一般，闻得到茶香。

唐代樊绰在云南看到的茶饮是："茶出银生城界诸山。散收，无采造法。蒙舍蛮以椒、姜、桂和烹而饮之。"

这种茶、姜、椒、桂（还有别的植物）超级组合的营养大餐，现在在云南被称呼为"雷响茶"（从声音）、"油茶"（从材料），在秦岭的甘肃康县、陕西略阳以及宁夏西海固一带叫"罐罐茶"（从工具），在广东、福建、湖南一带叫"擂茶"（从工具和程序），成为茶饮活着的历史。

腌茶，先介绍德宏德昂族的制作方法。先用清水洗净鲜叶，洗去鲜叶表面的灰尘，再通过日晒使其失去两三成水分，接着揉捻出茶汁。如果没有阳光，就把鲜叶直接放到锅里蒸煮，待芽叶柔软泛黄时，起锅将茶叶倒在竹帘上，再用手搓揉。腌茶时，先用竹簸将鲜叶摊开，略加搓揉，再加以辣椒、食盐以及香油适当拌匀，然后放入竹筒或罐内。将腌制并装好的鲜茶叶层层用木舂舂紧，再将筒口盖紧，或用竹叶塞紧。密封好的鲜茶叶一般须静置两三个月，待茶叶发酵变黄，或呈现金黄色，并发出特有的茶叶浓香时，茶就腌好了，即可劈开竹筒。接着，将腌好的茶从筒内掏出，装入碗或瓦罐，随食随取。这样的做法，与做腌萝卜等腌菜差不多。

老曼峨布朗族做的竹筒酸茶，程序也差不多。采摘鲜叶，要选择偏老一点的鲜叶，并且一定要选择老曼峨的甜茶品种的鲜叶，这样更适合人们的日常食用。鲜叶采摘回来后，先自然风干，不能有露水，再用开水煮透，适当煮烂一点，从锅里捞出来，同样要求自然放凉，不能有热度。这样就可以把茶叶装进竹筒，一层层往里面放，直至填满、填紧，里面不能有空隙，然后把竹筒的口密封好，不能透气。一根竹筒酸茶大约可以放 3 公斤鲜叶。等待三四个月后，布朗族的酸茶就可以取出来直接吃了。老曼峨的人们以前把酸茶当作零食吃，现在则当作咸菜吃。

同时，酸茶在旧时还具有药品的作用。在药品甚至医生缺乏的时代，人们受伤时，会把茶叶鲜叶嚼烂，敷在伤口处。同时，当地的老人也把茶叶当作提神药，佛寺在举行赕佛活动时，会安排专门的人给老人（在佛寺虔诚倾听佛经的多是老人，年轻人要干活）倒茶水，起到提神的作用，以避免老人中暑、瞌睡。而这根做好的竹筒酸茶，在这片区域、在布朗族人的日常生活中还具有茶礼的作用，且重要到无法替代，亦无法省略，它在老曼峨的婚聘中扮演着重要的角色。结婚当天，新郎必须准备一筒酸茶、一篮子烟草（毛草烟）、两公斤肉、五斤米、一包盐以及一点彩礼（奶水费）到新娘家。结婚准备的酸茶，选择茶叶鲜叶时必须要用最老的茶叶（最古老的茶树的鲜叶）。

老曼峨的竹筒酸茶，也就是许次纾说在明代就消失的"茶礼"。"吃了我的茶，就是我的人。"南宋的歌还在云南欢唱。

2010年我去陕西略阳考察，当地还在卖一种完全没有茶叶的茶，叫"杆杆茶"，就是树枝与茶梗。老乡买回去煮罐罐茶，不苦，还有甜味。

与略阳一江之隔的甘肃康县，非常盛行面茶。面茶除了有茶叶，还要加盐、花椒、茴香、葱花，放进面粉一起搅拌好，再把罐罐放到火上慢煮，煮好后倒入碗中，再加鸡蛋、豆腐丁、土豆丁、核桃仁，最重要的是不能少了油渣，面茶其实就是一道美食了。面茶中最佳的是三层面，一碗面茶中，上层漂浮着鸡蛋、葱花、油渣，中层悬浮着核桃仁，下层沉着豆腐丁、土豆丁。现在康县已经有专门的罐罐茶传习馆，饮茶是大事，不可废。

陆羽倡导清饮，是因为混饮里的葱之类属于寺院里不倡导的五辛之属，饮之为大忌。寺院高僧倡导的清饮进一步影响了士大夫，之后才在士人阶层也流行开来。许多人注释的时候，说陆羽瞧不起混饮，是因为他们不太了解寺院的饮食。

但是，就今天的世界茶饮版图来看，现在又似乎是混饮法的天下。国内从云南、西藏到新疆、内蒙古、东三省，大部分地方都是混饮，加奶、加盐、加糖，从英国开始的红茶区域，也是以加奶、加糖为主的混饮，年轻一代就更是奶茶的拥趸，反而清饮就只集中在少数以绿茶消费为主的地区。以清饮法为主的苏州、杭州，塑造了明清以来的琴棋书画诗酒茶，而混饮的地区，是真正的柴米油盐酱醋茶。

2000 年，为了写酥油茶，我特意去了趟香巴拉酥油茶馆（迪庆驻昆明办事处店），结果第一次喝酥油茶差点闹出笑话。现在我也不太喝得习惯，主要原因就是盐巴加太多了。2009 年，我去青海湟源考察，当地人同样奉上加了盐的奶茶，确实只能边吃肉边喝茶才能快速下口。我们国家民族众多，饮茶法也大不一样，饮茶反映了各民族的文化。

七之事

原文译注

三皇 炎帝神农氏。

周 鲁周公旦，齐相晏婴。

汉 仙人丹丘子，黄山君，司马文园令相如，扬执戟雄。

吴 归命侯，韦太傅弘嗣。

与茶相关的事迹，晋代以前的有：三皇炎帝神农，鲁国周公，齐国丞相晏婴，仙人丹丘子，黄山君，文园令司马相如，执戟郎扬雄，太傅韦曜，等等。

晋 惠帝，刘司空琨，琨兄子兖州刺史演，张黄门孟阳，傅司隶咸，江洗马统，孙参军楚，左记室太冲，陆吴兴纳，纳兄子会稽内史俶，谢冠军安石，郭弘农璞，桓扬州温，杜舍人育，武康小山寺释法瑶，沛国夏侯恺，余姚虞洪，北地傅巽，丹阳弘君举，乐安任育长，宣城秦精，敦煌单道开，剡县陈务妻，广陵老姥，河内山谦之。

晋代茶人比较多。晋惠帝，司空刘琨，刘琨的侄子衮州刺史刘演，黄门侍郎张载，司隶校尉傅咸，太子洗马江统，参军孙楚，记室督左思，吴兴人陆纳，陆纳的侄子会稽内史陆俶，冠军谢安，弘农太守郭璞，扬州太守桓温，舍人杜育，武康小山寺和尚释法瑶，沛国人夏侯恺，余姚人虞洪，北地人傅巽，丹阳人弘君举，乐安人任瞻，宣城人秦精，敦煌人单道开，剡县陈务之妻，广陵一老妇人，河内人山谦之。

后魏　琅邪王肃。
宋　新安王子鸾，鸾兄豫章王子尚，鲍照妹令晖，八公山沙门昙济。
齐　世祖武帝。
梁　刘廷尉，陶先生弘景。
皇朝　徐英公勣。

后魏琅琊人王肃。刘宋新安王子鸾，鸾兄豫章王子尚，鲍照之妹鲍令晖，八公山和尚昙济。南齐世祖武皇帝。南梁廷尉刘孝绰，陶弘景先生。唐朝英国公徐勣。

《神农食经》："茶茗久服，令人有力悦志。"

周公《尔雅》："槚，苦茶。"

《神农食经》说："长期饮茶，使人有力悦志。"

周公《尔雅》说："槚，就是苦茶。"

《广雅》云："荆、巴间采叶作饼，叶老者饼成，以米膏出之。欲煮茗饮，先炙令赤色，捣末，置瓷器中，以汤浇覆之，用葱、姜、橘子芼（mào）之。其饮醒酒，令人不眠。"

《广雅》说："湖北、重庆一带，采茶叶做成茶饼，叶子老的，制成茶饼后，用米汤浸泡。想煮茶喝时，先烤茶饼，待它呈现红色，捣成碎末，放置瓷器中，冲进开水，再放些葱、姜、橘子合着煎煮。喝了它可以醒酒，使人兴奋、不想睡。"

《晏子春秋》："婴相齐景公时，食脱粟之饭，炙三弋[1]五卵，茗菜而已。"

---

1 百川学海本以下古籍，大多"弋"皆作"戈"，"卵"作"卯"，是印版之误。弋，禽鸟。
《大戴礼记》：十二月，鸣弋。弋也者，禽也。

《晏子春秋》说："晏婴做齐景公的丞相时，吃的是粗粮，烧烤禽鸟和蛋品，除此之外，就是茶和蔬菜而已。"

司马相如《凡将篇》："乌喙、桔梗、芫华、款冬、贝母、木檗(bò)、蒌、芩草、芍药、桂、漏芦、蜚廉、藿菌(huán jūn)、荈诧(chà)、白敛、白芷、菖蒲、芒消、莞椒、茱萸。"

汉司马相如《凡将篇》记载："乌头、桔梗、芫花、款冬、贝母、木香、黄柏、瓜蒌、黄芩、甘草、芍药、肉桂、漏芦、蟑螂、葫芦、荈茶、白蔹、白芷、菖蒲、芒硝、花椒、茱萸。"

《方言》："蜀西南人谓茶曰'蔎'。"

汉扬雄《方言》："成都西南方向的人把茶叫作'蔎'。"

《吴志·韦曜传》："孙皓每飨宴，坐席无不率以七胜为限，虽不尽入口，皆浇灌取尽。曜饮酒不过二升，皓初礼异，密赐茶荈以代酒。"

三国《吴志·韦曜传》说:"孙皓每次设宴,规定人人要饮酒七升,如果喝不完,就会被强迫灌完。韦曜饮酒不超过二升,孙皓当初非常尊重他,暗地赐茶以代替酒。"

《晋中兴书》:"陆纳为吴兴太守时,卫将军谢安尝欲诣纳。《晋书》云纳为吏部尚书。纳兄子俶怪纳无所备,不敢问之,乃私蓄十数人馔(zhuàn)。安既至,所设唯茶果而已。俶遂陈盛馔,珍羞必具。及安去,纳杖俶四十,云:'汝既不能光益叔,奈何秽吾素业?'"

《晋中兴书》中记载:"陆纳做吴兴太守时,卫将军谢安常想拜访陆纳。《晋书》说陆纳为吏部尚书。陆纳的侄子陆俶奇怪他没准备,却又不敢问他,便私自准备了十多人的肴馔。谢安来后,陆纳仅仅摆出茶和果品招待,于是陆俶摆上丰盛的肴馔,各种精美的菜全都有。等到谢安走后,陆纳打了陆俶四十板子,教训说:'你不能为你叔父增加光彩就算了,为什么还要破坏我廉洁的名声呢?'"

《晋书》:"桓温为扬州牧,性俭,每宴饮,唯下七奠拌茶果而已。"

《晋书》记载："桓温做扬州太守，性好节俭，每次宴会，只设七个盘子的茶食、果馔。"

《搜神记》："夏侯恺因疾死，宗人字苟奴，察见鬼神，见恺来收马，并病其妻。著平上帻(zé)、单衣，入坐生时西壁大床，就人觅茶饮。"

《搜神记》："夏侯恺因病去世，同族人苟奴看见了他的鬼魂。苟奴看见夏侯恺来取马匹，把他活着的妻子也弄病了。夏侯恺戴着平头巾，穿着单衣，进屋坐到生前常坐的靠西壁床位上，向人要茶喝。"

刘琨《与兄子南兖州史演书》云："前得安州干姜一斤，桂一斤，黄芩一斤，皆所须也。吾体中愦闷，常仰真茶，汝可置之。"

刘琨给他哥哥的儿子、南兖州刺史刘演写信说："前些时收得安州干姜一斤、桂一斤、黄芩一斤，都是我需要的。我心烦意乱，精神不好，常常仰靠茶来提神解闷，你可多购买一点。"

傅咸《司隶教》曰："闻南市有蜀妪作茶粥卖，为廉事打破其器具，后又卖饼于市，而禁茶粥以困蜀妪，何哉？"

傅咸《司隶教》说："听说剑南成都有一老婆婆，煮茶粥卖，廉事把她的器皿打破了，禁止她卖茶羹，老婆婆只能卖饼营生，为什么要为难一位老婆婆呢？"

《神异记》："余姚人虞洪，入山采茗，遇一道士，牵三青牛，引洪至瀑布山，曰：'吾，丹丘子也。闻子善具饮，常思见惠。山中有大茗，可以相给，祈子他日有瓯牺之余，乞相遗也。'因立奠祀。后常令家人入山，获大茗焉。"

《神异记》说："余姚人虞洪进山采茶，遇见一道士，牵着三头青牛。他引虞洪到瀑布山，对他说：'我是丹丘子，听说你善于煮茶，常想可以沾你的光。这山中有大茶树，让你了。希望你日后把那多余的茶，分我喝点。'虞洪于是设奠祭祀，后来常叫家人进山，果然寻到大茶树。"

左思《娇女诗》：

吾家有娇女，皎皎颇白皙。

小字为纨素，口齿自清历。

有姊字惠芳，眉目灿如画。

驰骛翔园林，果下皆生摘。

贪华风雨中，倏忽数百适。

心为茶荈剧，吹嘘对鼎䥶（lì）。[1]

张孟阳《登成都楼》：

借问扬子舍，想见长卿庐。

程卓累千金，骄侈拟五侯。

门有连骑客，翠带腰吴钩。

鼎食随时进，百和妙且殊。

披林采秋橘，临江钓春鱼。

黑子过龙醢（hǎi），果馔逾蟹蝑（xū）。

芳茶冠六清，溢味播九区。

人生苟安乐，兹土聊可娱。

---

1 诗歌部分不做翻译。

傅巽《七诲》:"蒲桃宛柰（nài），齐柿燕栗，恒阳黄梨，巫山朱橘，南中茶子，西极石蜜。"

傅巽《七诲》说:"蒲地的桃子，宛地的苹果，齐地的柿子，燕地的板栗，恒阳的黄梨，巫山的红橘，南中的茶子，西极的石蜜。"

弘君举《食檄》:"寒温既毕，应下霜华之茗。三爵而终，应下诸蔗、木瓜、元李、杨梅、五味、橄榄、悬钩、葵羹各一杯。"

弘君举《食檄》说:"见面寒暄后，先请喝浮有白沫的三杯好茶。再陈上甘蔗、木瓜、元李、杨梅、五味、橄榄、山莓、葵羹各一杯。"

孙楚《歌》:"茱萸出芳树颠，鲤鱼出洛水泉。白盐出河东，美豉（chǐ）出鲁渊。姜、桂、茶荈出巴蜀，椒、橘、木兰出高山。蓼苏出沟渠，精稗出中田。"

孙楚《歌》记载:"茱萸长在树巅上，鲤鱼产在洛水中。白盐出在河东，美豉出于鲁地湖泽。姜、桂、茶出自巴蜀，椒、橘、木兰出自高山。蓼苏长在沟渠，精米长在田中。"

华佗《食论》："苦茶久食，益意思。"

华佗《食论》说："长期饮茶，对思考有益。"

壶居士《食忌》："苦茶久食羽化。与韭同食，令人体重。"

壶居士《食忌》说："长期饮茶，身轻体健，好似飘飘欲仙；茶与韭菜同时吃，使人体重增加。"

郭璞《尔雅注》云："树小似栀子，冬生叶，可煮羹饮。今呼早取为茶，晚取为茗，或一曰荈，蜀人名之苦茶。"

郭璞《尔雅注》说："茶树矮小像栀子，冬天生的叶子，可煮羹喝。现在把早上采的叫'茶'，晚上采的叫'茗'，又有的叫'荈'，蜀地的人叫它为'苦茶'。"

《世说》："任瞻，字育长，少时有令名，自过江失志。既下饮，问人云：'此为茶为茗？'觉人有怪色，乃自分明云：'向问饮为热为冷？'"

《世说新语》记载："任瞻，字育长，青年时期有好的名声，过江之后不得志。喝茶的时候，问人说：'这是茶，还是茗？'发觉旁人有奇怪不解的表情，便自己申明说：'刚才是问茶是热的还是冷的。'"

《续搜神记》："晋武帝世，宣城人秦精，常入武昌山采茗，遇一毛人长丈余，引精至山下，示以丛茗而去。俄而复还，乃探怀中橘以遗精，精怖，负茗而归。"

《续搜神记》记载："晋武帝时期，宣城人秦精，常进武昌山采茶。一次遇见一个毛人，一丈多高，引秦精到山下，把一丛丛茶树指给他看后离开，过了一会儿又回来，从怀中掏出橘子送给秦精。秦精害怕，连忙背了茶叶回家。"

晋四王起事，惠帝蒙尘，还洛阳，黄门以瓦盂盛茶上至尊。

晋四王叛乱时，惠帝流亡在外，回到洛阳时，黄门用陶钵盛了茶献给他喝。

《异苑》:"剡县陈务妻,少与二子寡居,好饮茶茗。以宅中有古冢,每饮,辄先祀之。二子患之曰:'古冢何知? 徒以劳!'意欲掘去之,母苦禁而止。其夜梦一人云:'吾止此冢三百余年,卿二子恒欲见毁,赖相保护,又享吾佳茗,虽潜壤朽骨,岂忘翳(yì)桑之报。'及晓,于庭中获钱十万,似久埋者,但贯新耳。母告,二子惭之,从是祷馈愈甚。"

《异苑》记载:"剡县陈务的妻子,青年时带着两个儿子守寡,喜欢饮茶。因为住处有一古墓,所以每次饮茶总先奉祭一碗。两个儿子很厌烦,说:'古墓知道什么? 白花力气!'他们还想把古墓挖掉,母亲苦劝不准。那天晚上母亲梦见一人说:'我住在这墓里三百多年了,你的两个儿子总要毁平它,幸亏你保护,又拿好茶供我享用,我虽然是地下枯骨,但怎么能忘一饭之恩呢? '天亮后,母亲在院子里见到了十万贯钱,像是埋了很久的,只有穿钱的绳子是新的。母亲把这件事告诉儿子,他们都很惭愧。从此祭祷更加经常和郑重。"

《广陵耆老传》:"晋元帝时有老姥,每旦独提一器茗,往市鬻(yù)之,市人竞买,自旦至夕,其器不减,所得钱散路傍孤贫乞人。人或异之,州法曹絷之狱中。至夜,老姥执所鬻茗器，从狱牖（yǒu）中飞出。"

《广陵耆老传》记载："晋元帝时，有一老太婆，每天一早，独自提一茶器到市上去卖。大家争相购买，从早到晚，可那器皿中的茶却没减少。她把赚得的钱施舍给路旁的孤儿、穷人和乞丐。有人把她看作怪人，向官府报告，州里的法曹把她捆进监狱。到了夜晚，老太婆手提卖茶的器皿，从监狱窗口飞出去了。"

《艺术传》："敦煌人单道开不畏寒暑，常服小石子。所服药有松、桂、蜜之气，所饮茶苏[1]而已。"

《晋书·艺术传》："敦煌人单道开，冬天不怕冷，夏天不怕热，经常服食小石子，所服的药有松、桂、蜜的香气，此外只饮茶苏罢了。"

《释道该说〈续名僧传〉》："宋释法瑶姓杨氏，河东人，永嘉中过江，遇沈台真，请真君武康小山寺。年垂悬车，饭所饮茶。永明中，敕吴兴礼致上京，年七十九[2]。"

---

1 此处茶苏是屠苏，应是酒，而非茶。

2 此部分掉字太多，所以"年七十九"到底是指法瑶还是指沈台真，无法确定。

《释道该说〈续名僧传〉》："南朝宋时的和尚法瑶，俗姓杨，河东人，永嘉年间过江，遇见了沈台真，请他去武康小山寺。他年近七十，拿饮茶当饭。永明中，皇上下令吴兴官吏隆重地把他送进京城，那时年纪七十九。"

宋《江氏家传》："江统，字应元，迁愍（mǐn）怀太子洗马，常上疏，谏云：'今西园卖醯、面、蓝子、菜、茶之属，亏败国体。'"

南朝宋《江氏家传》记载："江统，字应元。升任愍怀太子洗马。曾经上疏谏道：'现在在西园卖醋、面、篮子、菜、茶之类，有损国家体面。'"

《宋录》："新安王子鸾、豫章王子尚，诣昙济道人于八公山，道人设茶茗，子尚味之曰：'此甘露也，何言茶茗。'"

《宋录》记载："新安人刘子鸾、南昌刘子尚到八公山拜访昙济道人，道人设茶招待他们。子尚尝了尝茶说：'这是甘露啊，怎么说是茶呢？'"

王微《杂诗》：

寂寂掩高阁，寥寥空广厦。
待君竟不归，收领今就槚。

鲍昭妹令晖著《香茗赋》。

南齐世祖武皇帝遗诏："我灵座上，慎勿以牲为祭，但设饼果、茶饮、乾饭、酒脯而已。"

南齐世祖武皇帝遗诏："我灵座上，切莫用杀牲作祭品，只须摆点饼果、茶饮、干饭、酒肉就可以了。"

梁刘孝绰《谢晋安王饷米等启》传诏："李孟孙宣教旨，垂赐米、酒、瓜、笋、菹（zū）、脯、酢（zuò）、茗八种，气苾新城，味芳云松。江潭抽节，迈昌荇之珍；疆埸（jiāng yì）擢翘，越茸精之美。羞非纯束野麏（jūn），裛（yì）似雪之驴，鲊（zhǎ）异陶瓶河鲤。操如琼之粲茗，同食粲酢（cù）颜，望楑[1]免千里宿春，省三月种聚。小人怀惠，大懿难忘。[2]”

梁朝刘孝绰呈《谢晋安王饷米等启》中说："李孟孙带来了你的告谕，赏赐我米、酒、瓜、笋、酸菜、肉干、腌鱼、茗等八种食品。酒气馨香，味道醇厚，可比新城、云松的佳酿。水边初生的竹笋，胜过菖荇之类的珍馐；田间拔的瓜菜，超越鹿茸的美味。美食虽非包好的野獐子，扎好的雪驴脯也不错啊，腌鱼比陶罐里的活鲤鱼好。拿着像美玉一般的佳茗，同吃上好的醋，免去了我千里行舟却只有少量存粮之累，省去了三个月聚粮。大恩大德，永铭于心。"

陶弘景《杂录》："苦茶轻换骨，昔丹丘子、黄山君服之。"

陶弘景《杂录》说："苦茶能使人轻身换骨，从前丹丘子、黄山君饮用它。"

《后魏录》："琅琊王肃仕南朝，好茗饮、莼羹。及还北地，

1　酢颜望楑，很多版本都写成了"酢类望柑"，董正祥考证了从"酢颜望楑"到"酢类望柑"的错误，从宋百川学海本到西塔寺共10本的刊印错误，都是印刷版本引起的。

2　骈文写作风格与错漏字等原因，增加了这段文字的理解难度。吴觉农版本干脆舍去了这段的翻译。

又好羊肉、酪浆，人或问之：茗何如酪？肃曰：茗不堪与酪为奴。"

《后魏录》："琅琊王肃在南朝做官，喜欢喝茶，吃莼羹。回到北方，又喜欢吃羊肉，喝羊奶。有人问他：'茶和奶比，怎么样？'王肃说：'茶给奶做奴仆的资格都够不上。'"

《桐君录》："西阳、武昌、庐江、晋陵好茗，皆东人作清茗。茗有饽，饮之宜人。凡可饮之物，皆多取其叶，天门冬拔揳（xiē）取根，皆益人。又巴东别有真茗茶，煎饮令人不眠。俗中多煮檀叶，并大皂李作茶，并冷。又南方有瓜芦木，亦似茗，至苦涩，取为屑茶，饮亦可通夜不眠。煮盐人但资此饮，而交、广最重，客来先设，乃加以香芼辈。"

《桐君录》："西阳、武昌、庐江、晋陵等地的人喜欢饮茶，而且是主人家都喝清茶。茶有饽，喝了对人有好处。凡可作饮品的植物，大都是用它的叶，而天门冬却是用其根，也对人有好处。又巴东有真茗茶，喝多了睡不着。当地人习惯煮檀叶和大的皂李叶当茶喝，清凉爽口。另外，南方有瓜芦树，它的叶子大一点，也像茶，又苦又涩，制取为屑茶，喝了也可以整夜不眠，煮盐的人全靠喝这个。交州和广州很重视这种茶，客人来了，先用它来招待，还加一些香料。"

《坤元录》："辰州溆浦县西北三百五十里无射山，云蛮俗当吉庆之时，亲族集会，歌舞于山上，山多茶树。"

《坤元录》："辰州溆浦县西北三百五十里，有无射山。据称：土人风俗，遇到吉庆的时候，亲族聚会，在山上歌舞。山上多茶树。"

《括地图》："临遂县东一百四十里有茶溪。"

《括地图》："在临遂县以东一百四十里，有茶溪。"

山谦之《吴兴记》："乌程县西二十里有温山，出御荈。"

山谦之《吴兴记》："吴兴县西二十里有温山，出产进贡皇上的茶。"

《夷陵图经》："黄牛、荆门、女观、望州等山，茶茗出焉。"

《夷陵图经》："黄牛、荆门、女观、望州等山，出产茶叶。"

《永嘉图经》："永嘉县东三百里有白茶山。"

《永嘉图经》："永嘉县以东三百里，有白茶山。"

《淮阳图经》："山阳县南二十里有茶坡。"

《淮阳图经》："山阳县以南二十里，有茶坡。"

《茶陵图经》云："茶陵者，所谓陵谷，生茶茗焉。"

《茶陵图经》说："茶陵，就是陵谷中生长着茶的意思。"

《本草·木部》："茗，苦茶，味甘苦，微寒，无毒，主瘘疮，利小便，去痰渴热，令人少睡。秋采之苦，主下气消食。注云：春采之。"

《本草·木部》："茗，又叫苦茶。味甘苦，性微寒，没有毒。主治瘘疮，利尿，除痰，解渴，散热，令人少睡。秋天采摘有苦味，能通气，助消化。原注说要春天采。"

《本草·菜部》："苦菜，一名茶，一名选，一名游冬。生益州川谷山陵道傍，凌冬不死。三月三日采干。注云：疑此即是今茶，一名茶，令人不眠。《本草》注按：《诗》云'谁谓茶苦'，又云'堇茶如饴'，皆苦菜也。陶谓之苦茶，木类，非菜流。茗，春采谓之苦搽。途遐反。"

《本草·菜部》："苦菜，又叫茶，又叫选，又叫游冬，生长在四川西部的河谷、山陵和路旁，凌冬不死。三月三日采下，制干。陶弘景注释说：怀疑这就是现在称的茶，又叫茶，喝了使人不能入睡。苏恭的《本草》注按：《诗经》说'谁谓茶苦'，又说'堇茶如饴'，都是指苦菜。陶弘景称的苦茶，是木本植物茶，不是菜类。茗，春季采，叫苦搽。音途遐反。"

《枕中方》："疗积年瘘，苦茶、蜈蚣并炙，令香熟，等分，捣筛，煮甘草汤洗，以末傅之。"

《枕中方》："治疗多年的瘘疾，把茶和蜈蚣一同放在火上烤，等熟了发出香味，等分捣碎筛末，一份加甘草煮水洗，一份外敷。"

《孺子方》："疗小儿无故惊蹶，以苦茶、葱须煮服之。"

《孺子方》："治疗小孩不明原因的惊厥，用苦茶和葱须煎水口服。"

对隐者的追忆

　　猫腻有部著名的小说《择天记》，讲一个孤儿顺水漂下，被人捡了，养大后逆天改命的传奇故事，很好看。这个故事的背景是唐朝，让我很容易想到陆羽的成长。《择天记》里有两句话也蛮适合陆羽：一句是"位置是相对的"，还有一句是"我想试试"。

　　陆羽本身就像《择天记》的主人公陈长生，是一个弃婴，被一个老和尚救了，没有名字，也不知道父母是谁，他一懂事就进了寺院，从小就被告知无父无母，正是这样，让陆羽有了些小心思。他问养他的和尚："我们和尚不侍奉父母，是不是很不孝啊？"师父一听急了，和尚怎么能说孝不孝呢，和尚是不讲孝的。师父骂他、罚他，说他思想不对，明明吃的佛家的饭，却想着儒家的酒肉，要罚。但陆羽并没有改。

　　他读了很多儒家的书，放牛在牛背上写字。后来老是被骂、被罚，不堪忍受，就跑了。出了寺院，先是去做戏子，在戏班被人发现了第一个才华——写笑话集，遗憾的是书失传了。他获得大人物的赏识，在教书先生那里学习了几年，还写了很多的书，可后来都失传了——刚好赶上了一个特别不好的时代，想要用学识报国却遇上了"安史之乱"。于是，从北向南，他每到一个地方，亲自考察茶，为写《茶经》打下基础。

陆羽的第一个身份是小和尚，第二个身份是戏子，第三个身份是士人（知识分子），最后变成一个隐士。

茶在陆羽这里，是需要建立关系的。就是要确定茶在世间的地位，在茶中寻找某种秩序。对于释家来说，茶能够提神就足够。但儒家不一样，儒家必须建立人际关系。

陆羽是怎么建立茶与人的关系的？

他采用的方式很直接：追溯。

追溯茶链上相关的人，重要的人，有名的或节点人物。通过追忆，他与陆纳也建立起"血缘"关系，称呼陆纳为"远祖"。通过追忆，茶与华夏帝国发生了不可思议的联系。通过追忆，茶也成为陆羽的超级符号。

在《茶经》里，陆羽的理想是让陆子茶与尹公羹并肩。一个人在茶里的事功，不会逊于庙堂里的事功，这是陆羽非常重要的判断。

陆羽之所以没有事功，是因为他是隐士。隐士是指那些有才能、有学问，能够做官而不去做官，也不做此努力的人。《南史·隐逸》说，隐士"皆用宇宙而成心，借风云以为气"。

伊尹在另一种叙事里也是隐士，他一直在深山隐居不出。商汤闻其高才及贤德大义，于是派人前去请他出山，但屡次遭到拒绝。直到第五次，伊尹才肯出山。其后的事迹大致相同。

在被追述的隐士中，伊尹也许不是第一个，但他的隐居策略引发了后世持久而激烈的争论，并不可避免地出现了分化。因为看起来，隐居是一种不得已的手段，一种策略而已，《周易》的解释是"天地闭，贤人隐"；另一方面，有些人是真的隐士，被人记录不是他们本身的意愿，秦末汉初著名的"商山四皓"一直拒绝出仕，只有在班固改造的故事里，他们才出山确认一位新皇帝的合法性。赞同完全退隐的人中，最著名的就是庄子，他的"无为"理论很好地说明了这点。

陆羽是否真的愿意做一位真正的隐士，现在早有了答案。他拒绝了授衔，独自到山中，像战国农家所倡导的，自力更生，不过是多经营了一样植物——茶——而已。要做到这点，陆羽有着别人没有的优势，他无父无母无妻无子——这些在许多想做隐士的人那里，几乎成为一种"累赘"。

隐士有着丰富而多样的选择，陆羽的选择可以归纳为无条件隐逸；但另一些人，做不到陆羽这样，他们只能选择有条件隐逸。开创了朝中隐士先河的东方朔在宫中撒尿，箕子用漆涂身，接舆披头散发装疯卖傻，他们的累赘太多。

隐逸的完善理论，在扬雄晦涩的《法言》里，几乎随处可见。

扬雄是陆羽追忆的另一个重要人物。说"茶"为"莈"的扬执戟就是扬雄。

有人问扬雄："君子只要保持自己的道德修养就够了，何必还要结交朋友？"

扬雄回答说："天地以自然之道相交，才能生育万物；人们以礼仪相交，才能获得成功。"

伏羲画八卦给舜，然后找到天地的秩序，不然，礼仪多样，连圣人亦无从选择。选择一种秩序，就可以决定以后以什么样的方式来治理天下。

有选择是一件好事，这样一来孔子才能周游诸国去传达教义，在鲁国没有人理会，可以去赵国，再去楚国……问题是，秦一统天下后，路一旦被堵死，就再也没有机会，人就只能退——入江出海，择林穴居……

要是不这样，还有别的办法么？

有人再问扬雄："如何才能保持贞正义利而通达？"

扬雄回答说："时机不可出时便潜藏退隐，这就获得潜之正；时机适合时便腾飞，这就能获得义之和。无论潜隐还是腾飞都由自己决定，与时势机遇相符合，这就是通达顺利。"他进一步说："圣言圣行，不逢其时，圣人隐也。贤言贤行，不逢其时，贤者隐也。谈言谈行，而不逢其时，谈者隐也。"（孔子也说："贤者避世，其次避地，其次避色，其次避言。"）

扬雄的隐士观总结下来就是，懂得看时势，为人不能太死板。清楚自己在干什么，心系社会责任，其后不管身在哪里——隐在山还是仕在朝——都不重要，重要的是，是否有高尚的理想、勇于去承担。这也是孟子激赞孔子的地方，"时圣"者，看得清时局，与时俱进。

要是承担不了呢？扬雄接着说："皓皓者，己也；引而高之者，天也。子欲自高邪？"天命如此，与我有什么关系？

扬雄的观念直接影响了天文学家张衡，张衡的书就是陆羽小时候最爱读的。张衡不仅为扬雄的《太玄经》做了详细注解，还画了一些必要的图说。张衡做了官，时不时充当皇帝顾问，提提反对意见，但心中还是有一套为人处世原则："仰先哲之玄训兮，虽弥高其弗违。匪仁里其焉宅兮，匪义迹其焉追？"意思就是：先哲扬雄的教诲，虽理论高深，但仍不敢违背；不选择仁者居住的地方怎能住下？不追寻义士的足迹如何能前进？

自幼熟读张衡著作的陆羽，不可能不受到他们的影响。尽管在《茶经》里留给扬雄的只有一句话，尽管陆羽选择的隐逸方式与他们都不一样，但扬雄该说的都说完了，方式多样。这也可以理解，为何陆羽尽管做了隐士，依旧会关注天下大事。

另一位深受扬雄影响的思想家王充说："士愿与宪共庐，不慕与赐同衡；乐与夷俱旅，不贪与蹠比迹。高士所贵，不与俗均，故其名称不与世同。身与草木俱朽，声与日月并彰，行与孔子比穷，文与扬雄为双，吾荣之。身通而知困，官大而德细，于彼为荣，于我为累。"

那么，还有一个问题需要回答，就是隐士能不能用文章来获得名声。陆羽写了一本茶书，这个完全退隐的人在世时就获得了"茶神"的称号，难道这不是一种沽名钓誉？

陆羽没有对这个问题做过回答，但扬雄有。扬雄批评了孔子、东方朔、伯夷、柳下惠乃至许由等一群隐士对名声的看法后，转而推崇他的老师严君平（庄遵）和李弘（字仲元）。

严君平一辈子隐居成都市井中，以卜筮为业。据说他每天收够一百个铜钱保证生活费，就收摊回家闭门读书，也教授《老子》。严君平说卜筮固然是一种很低贱的职业，但可以惠及大众，当遇到一些大是大非的问题时，便可以言明利害。"与人子言依于孝，与人弟言依于顺，与人臣言依于忠，各因势导之以善，从吾言者，已过半矣。"既然卜筮可以传道，文字可以传道，那么茶也可以。

陆羽教导每个人："用绢素写茶经，陈诸座隅，目击而存。"

茶道就在其中。

［明］文征明《品茶图》（局部）

茶不如奶吗？

《后魏录》里记载：琅琊王肃在南朝做官，喜欢喝茶，吃莼羹。等回到北方，又喜欢吃羊肉，喝羊奶。有人问他："茶和奶比，怎么样？"王肃说："茶给奶做奴仆的资格都够不上。"陆羽的这则记录让后世茶人都觉得抬不起头。

《洛阳伽蓝记》里有更为详细的记载：

> 肃初入国，不食羊肉及酪浆等物，常饭鲫鱼羹，渴饮茗汁。京师士子，道肃一饮一斗，号为"漏卮"。经数年已后，肃与高祖殿会，食羊肉酪粥甚多。高祖怪之，谓肃曰："卿中国之味也。羊肉何如鱼羹？茗饮何如酪浆？"肃对曰："羊者是陆产之最，鱼者乃水族之长。所好不同，并各称珍。以味言之，甚是优劣。羊比齐、鲁大邦，鱼比邾、莒小国，唯茗不中，与酪作奴。"高祖大笑，因举酒曰："三三横，两两纵，谁能辩之赐金钟。"御史中丞李彪曰："沽酒老姬瓮注瓨，屠儿割肉与秤同。"尚书右丞甄琛曰："吴人浮水自云工，妓儿掷绳在虚空。"彭城王勰曰："臣始解此字是习字。"高祖即以金钟赐彪。……彭城王重谓曰：

"卿明日顾我，为卿设邾莒之食，亦有酪奴。"因此复号茗饮为
酪奴。……自是朝贵宴会，虽设茗饮，皆耻不复食，唯江表残
民远来降者好之。

讨论古代语境中的奶制品是一件非常困难的事情，它牵扯太多
问题。《史记·匈奴列传》："得汉食物皆去之，以示不如湩酪之便
美也。"湩是牛马乳，《穆天子传》里很鄙视地说，这种乳品只配给
天子洗脚。他们可能没有想到，有朝一日，天子也会换，还是吃乳
品的人。

南人不食奶浆，北人不饮茶，茶与奶浆，两种分布在华夏不同
地域的饮品，有着截然不同的口感、品质，不只是在外形、味道的
区别，它们的意象也截然不同。可在人与人都还没有深入沟通了解，
人群与人群间还有待融合之时，仅仅凭着武力、铁骑、厮杀、力量、
速度带来的共处一室，貌合而神离。户外，还飘散着来不及凝固的
血腥味，背井离乡的人还找不到落脚地，这个时候谈饮食，显得残
忍而揪心。

还好，我们有后来，等非茶产区的少数民族饮茶习惯形成后，
茶融入奶中，进而融入他们的血肉之中。藏语说"加察热，加霞热，
加梭热"，翻译成汉语意思就是"茶是血，茶是肉，茶是生命"。随
着逐步渗透，茶融入了少数民族的生命之中。

反而是奶饮品以及奶制品，在中原地区一直无法普及，唐玄宗
嘲安禄山说："堪笑胡儿但识酥。"唐代佛教徒接受奶制品比较早，《涅

盘经》就用它作比喻说："善男子，譬如从牛出乳，从乳出酪，从酪出生酥，从生酥出熟酥，从熟酥出醍醐，醍醐最上。"又云："善男子，声闻如乳，缘觉如酪，菩萨如生、熟酥，诸佛世尊犹如醍醐。"

北酪南征失败，南茶北伐成功，有许多原因。从饮食功能层面解释，游牧民族少蔬菜，缺乏维生素，同时奶酪品难消化，需要茶的功能。中原人拒绝奶酪，不习惯不能成为原因，更大的原因可能还是在文化上，比如成形的农耕文化对游牧文化的一种本能拒绝。

中原文化形态里，对走来走去的人没有好感。无论是统治者还是老百姓，都把能安定当作理想。商人没地位，不只是因为他们逐利，还在于他们走来走去构成了不稳定的基因。佛教在印度倡导行走化缘，来到中国后也变了，改为择地而居。

在唐代寺院大兴茶之前，茶没有明确的归属。佛教东渐过程中，佛教徒在中国寻找属于自己的饮食，可谓伤透了脑筋。在以酒肉为主体的儒家文化中，要建立自己的信念是很难的，估计他们选择奶酪的时候，也有游牧民族行走文化的因素，这毕竟与自己行走布道相近；而且，佛教在《涅盘经》中用奶酪谈佛法，也有一定的基础。《魏书》中谈到西域"悦般国"的人时说："俗剪发齐眉，以醍醐涂之，昱昱然光泽，日三澡漱，然后饮食。"这可视为民意基础吧。

不杀生是佛教的五大戒律之首，佛教认为众生皆具佛性，人与万物皆同，所以不可伤害人的性命，亦不能伤害飞禽走兽虫蚁的性命。不杀生在饮食上引发了不吃肉，加上不饮酒本来就是五大戒律之一，因此只能吃素。素特指蔬菜瓜果等副食，并非平常人所言的主食。佛教徒还拒绝了诸如葱、蒜、韭、薤、芫荽等五种带有刺激味的蔬菜，并把这五种菜归纳为专有的"五辛"，这又是为何？

佛教徒给出的一种解释是，这五种调味剂（菜），生吃会产生怨恨，熟吃会犯淫戒，这种刺激味只能近恶鬼，远方外之仙。照我看来，这大约是后世的附会之说，他们大约是从"辛"字中发现了其不可接受的一面。"辛"在甲骨文中是刑刀，在汉语里意味着大罪，是罪人之象，所以与它相关的词语都非常严厉，比如"宰"，一般情况下对象只能是动物，用到人身上时，也意味着事情到了极限。周代天官之首叫"冢宰"，而后世的百官之首叫"宰辅"，都是手握生杀大权的人。

第三种解释是，所谓"五辛"，在国人食谱里，属于调味品。一个令人非常惊讶的经验事实是，调味品重要到了能令主食让步的地步。就像一个人不担心家里没有米、没有面，却会担心没有调料一样，少了调料，就没有那个味，味是受到调味品控制的。酒味、茶味在饭桌上都是伴随着葱味、蒜味出来的。一种是用来填饱肚子，一种是调剂味道。在茶里加葱的混饮从唐代流行至今，所以清饮茶是从寺院里流传出来的，陆羽长于寺院，深受影响。

追求味道，就是享受，这就是主食与调味品的区别。在大部分食物分布差不多的情况下，配料就起了关键的作用，这些不同的配料，会把同样的食物调剂成完全不同的口感。一个高明的厨师就在于其善于调味，而不是别的。

非必需品的调味品变得重要，就在其诱惑价值。酒在烹饪中也被当作了调味品，这就是说，不是食物有问题，而是调味品有问题。这好比儒家说，不是酒有问题，而是人有问题。佛家认为人人都有佛性，所以剔除了可能的诱导之物。

因为酒是成品，好不好喝取决于造法，弄得饮者没有办法，只好在酒具上花功夫，才有什么酒配什么杯子，或者温酒。茶不一样，茶一旦与水发生关系，就非常讲究，才会有泡茶三昧手的出现。

佛家选择了茶，在医学上也许有渊源。百草中，有大毒的都是热辛植物，比如曼陀罗、钩吻、乌头等等，按照中医阴阳调和理论，必须由一种寒性物质去调和这种热辛，于是，茶的药物属性便开始发力。这是所谓"神农尝百草，得茶而解之"的说法来源。为《神农本草经》做注的陶弘景说，茶使人轻身换骨，从前丹丘子、黄山君就常饮茶，最后他们都得道成仙了。道家与佛教最早结合，是相互影响的，陶弘景死时，遗嘱说，要头戴道冠，身披袈裟。在他那里，道家和佛家都亲，一个也放不下。明代李时珍在《本草纲目》里列出了许多与茶相关的药方，茶与辛味调剂品在一起，有意想不到的医疗功效。比如茶与醋煎服，可以治疗中暑和痢疾；茶与葱煎服，可以治疗头疼。最多的还是与姜搭配，可以治疗多种疾病。这种观念，南宋医学家杨士瀛就已经指出："姜茶治痢，姜助阳，茶助阴，并能消暑解酒食毒，且一寒一热，调平阴阳，不问赤白冷热，用之皆宜。生姜细切，与真茶等分，新水浓煎服之，苏东坡以此治文潞公有效。"这就解释了为什么茶在早期要与盐巴、米汤一起喝。

这样看来，至少在味觉的追求上，佛教选择茶是有迹可循的。

只是佛教再次把茶从姜、葱、椒、盐中解放出来，带来清饮的风潮，这大约是许多人都没有想到的。

吃素本来不是佛教徒的专利，上古时代的中国就有许多吃素的人，当然，也可能是因为想吃肉也没有那么多供应。儒家的斋戒，是远离酒肉一类，《孟子·离娄》里说："斋戒沐浴，则可以祀上帝"。汉代道教大兴，道教人士中就有许多吃素的，他们崇尚古风、回归自然，素食是一种信念上的选择，这或许也与他们追求长生有关。为了免于受到外界和家庭干扰，甚至还有"干犯斋禁"这种罪责。《后汉书·儒林传·周泽传》中载："十二年，以泽行司徒事，如真。泽性简，忽威仪，颇失宰相之望。数月，复为太常。清洁循行，尽敬宗庙。常卧疾斋宫，其妻哀泽老病，窥问所苦。泽大怒，以妻干犯斋禁，遂收送诏狱谢罪。当世疑其诡激。时人为之语曰：'生世不谐，作太常妻，一岁三百六十日，三百五十九日斋。'"不吃荤，不行房事，以洁身以求近身。他们自己不饮酒，但要供奉神以酒，《隋书·经籍志》说："夜中于星辰之下，陈设酒脯饼饵币物，历祀天皇太一，祀五星列宿，为书如上章之仪以奏之，名之为醮。"

佛教初期传入中国时，是混迹在道教中得以推广，所以避免不了与杀生祭祀的道教一起开始了杀生旅程。[1] 再说，在印度，佛教徒是靠化缘为主，行走僧一般都是化到什么吃什么，人家给一条鸡腿，又哪有拒绝之理？中国人熟悉的济公就是早期和尚的生活状态。

---

1 葛兆光：《道教与中国文化》，上海人民出版社，1987 年版。

外来和尚到了中国，本土化后，不再化缘，而是开始了寺院生活，有了产业后，虽然不事生产，也有了拒绝的基础，但这都不是他们吃素的主要原因。

吃素的根本动力来自中国的几任皇帝，吃素的首倡者是梁武帝，他信佛，驱逐道教，为和尚圈地盖屋，不准和尚吃肉，倡导素食，这就改变了佛教徒的饮食风气。后来的几任皇帝也不含糊，隋文帝在583年下诏，正月、五月、九月以及六斋日禁杀生，亦即禁止屠钓，六斋日是每月初八、十四、十五、二十三及月底，吃素。正月、五月、九月，新官都不上任，以免宴会杀生。武则天在691年，更是颁布了各种禁令，禁止杀所有动物和捕捉鱼类。

这项尊佛运动在700年废止，以儒生为主体的官僚集团显然也不会坐视这种反礼教的行为无休止扩大，不杀生，如何祭祀？而道家也不甘心佛家这种凌驾天下的作风。之后，儒释道三家在相互嘲笑、殴斗中求同存异，最后形成今天的格局。

唐代是佛教兴盛，儒学衰落，韩愈以孟子再传弟子自居，要重振儒学。陆羽以陆子自居，也是儒学的倡导者。他的好朋友皎然是和尚，却是隐逸派谢灵运的后人。所以，不管和尚、道士、儒士，进了山林都一样，都成为中国文化里最受敬仰的那种人：隐士。金庸小说的主人公，最后都是走上退出庙堂与江湖的隐士路线，他们都是这一传统的产物，必须如此才符合中国人的期望。

八之出

原文译注

　　山南，以峡州上，峡州生远安、宜都、夷陵三县山谷。**襄州、荆州次，**襄州生南漳县山谷。荆州生江陵县山谷。**衡州下，**生衡山、茶陵二县山谷。**金州、梁州又下。**金州生西城、安康二县山谷。梁州生襄城、金牛二县山谷。

　　山南道：以峡州（湖北宜昌）产的茶为最好，峡州茶，生在远安、宜都、夷陵三县山谷。襄州（湖北襄阳）、荆州（湖北江陵）产的茶次之，襄州茶，生在南漳县山谷；荆州茶，生在江陵县山谷。衡州（湖南衡阳）茶又次之，衡州茶生在衡山、茶陵二县山谷。金州（陕西安康）、梁州（陕西汉中）茶再次之。金州茶生在西城、安康二县山谷；梁州茶，生在襄城、金牛二县山谷。

　　淮南，以光州上，生光山县黄头港者，与峡州同。**义阳郡、舒州次，**生义阳县钟山者，与襄州同。舒州生太湖县潜山者，与荆州同。**寿州下**，盛唐县生霍山者，与衡州同。**蕲（qí）州、黄州又下。**蕲州生黄梅县山谷，黄州生麻城县山谷，并与金州、梁州同也。

　　淮南道：以光州（河南光山）产的茶最好，生在光山县黄头港的茶，与峡州产的茶品质相同。**义阳郡（河南信阳）、舒州（安徽怀宁）产的茶较好**，生在义阳县钟山的茶，与襄州的相同。舒州生在太湖县潜山的茶，与荆州的相同。**寿州（安徽寿县）产的茶次之**，盛唐县生在霍山的茶，与衡山的相同。**蕲州（湖北蕲春）、黄州（湖北新洲）产的茶又次些。**蕲春茶，生黄梅县山谷；黄州茶，生麻城县山谷，这两地茶与金州、梁州的相同。

　　浙西：以**湖州上**，湖州生长城县顾渚山谷，与峡州、光州同；若生山桑、儒师二寺、白茅山、悬脚岭，与襄州、荆州、义阳郡同；生凤亭山伏翼阁、飞云曲水二寺、啄木岭，与寿州、常州同。生安吉、武康二县山谷，与金州、梁州同。**常州次**，常州义兴县生君山悬脚岭北峰下，与荆州、义阳郡同；生圈岭善权寺、石亭山，与舒州同。**宣州、杭州、睦州、歙（shè）州下**，宣州生宣城县雅山，与蕲州同；太平县生上睦、临睦，与黄州同；杭州临安、于潜二县生天目山，与舒州同。钱塘生天竺、灵隐二寺，睦州生桐庐县山谷，

194

歙州生婺源山谷，与衡州同。**润州、苏州又下。**润州江宁县生傲山，苏州长洲生洞庭山，与金州、蕲州、梁州同。

浙江西道：以湖州产的茶最好。湖州，生长城（长兴）县顾渚山谷的茶，与峡州、光州的相同。生山桑、儒师二寺、白茅山悬脚岭的茶，与襄州、荆州、义阳郡的相同。生凤亭山伏翼阁、飞云曲水二寺、啄木岭的茶，与寿州、常州的相同。生安吉、武康二县山谷的茶，与金州、梁州的相同。**常州产的茶次之。**常州，义兴县（江苏宜兴）生长在君山悬脚岭北峰下的茶，与荆州、义阳郡的相同；生在圈岭善权寺、石亭山的茶，与舒州的相同。**宣州（安徽宣州）、杭州、睦州（浙江建德）、歙州又次之。**宣州，生宣城县雅山的茶，与蕲州的相同。太平县（黄山区）生上睦、临睦的茶，与黄州的相同。杭州，临安、于潜二县生天目山的茶，与舒州的相同。钱塘生天竺、灵隐二寺的茶，睦州生桐庐县山谷的茶，歙州生婺源县山谷的茶，均与衡州的相同。**润州（江苏镇江）、苏州再次之。**润州，江宁县生傲山，苏州长州县生洞庭山的茶，与金州、蕲州、梁州的相同。

剑南：以彭州上，生九陇县马鞍山至德寺、棚口，与襄州同。**绵州、蜀州次，**绵州龙安县生松岭关，与荆州同，其西昌、昌明、神泉县西山者，并佳。有过松岭者，不堪采。蜀州青城县生丈人山，与绵州同。青城县有散茶、末茶。**邛州次，雅州、泸州下**，雅州百丈山、名山，泸州泸川者，与金州同也。**眉州、汉州又下。**眉州丹棱县生铁山者，汉州绵竹县生竹山者，与润州同。

剑南道：以彭州产的茶最好。彭州，生九陇县马鞍山至德寺、堋口的茶，与襄州的相同。**绵州（四川绵阳）、蜀州（四川崇州）产的茶较好。**绵州，龙安县（四川安县）生松岭关的茶，与荆州的相同。其西昌、昌明、神泉县西山产的茶都好，但越过松岭的茶就没有采摘价值了。蜀州，青城县（都江堰）生丈人山的茶，与绵州的相同。青城县有散茶、末茶。**邛州（四川邛崃）产的茶也较好，雅州（雅安）、泸州产的茶次之。**雅州百丈山、名山的茶，泸州泸川的茶，与金州的相同。**眉州（四川眉山）、汉州（广汉）又次之。**眉州丹棱县生铁山的茶，汉州绵竹县生竹山的茶，均与润州的相同。

浙东：以越州上，余姚县生瀑布泉岭曰仙茗，大者殊异，小者与襄州同。**明州、婺州次**，明州鄮县生榆荚村，婺州东阳县东白山，与荆州同。**台州下。**台州始丰县，生赤城者，与歙州同。

浙东：以越州（浙江绍兴）产的茶最好。越州，余姚县生在瀑布泉岭叫仙茗，大叶茶很特殊，小叶茶与襄州的相同。**明州（浙江宁波）、婺州（浙江金华）产的茶较好。**明州鄮县榆荚村的茶，婺州东阳县东白山的茶，与荆州的相同。**台州（浙江临海）产的茶次之**。台州始丰县（天台）赤城的茶，与歙州的相同。

黔中生思州、播州、费州、夷州。

黔中道：生长在思州（贵州务川）、播州（贵州遵义）、费州（贵州德江）、夷州（贵州石阡）等地。

江南：生鄂州、袁州、吉州。

江南道：生鄂州（湖北武昌）、袁州（江西宜春）、吉州（江西吉安）等地。

岭南：生福州、建州、韶州、象州。福州生闽方山山阴。

岭南道：生福州、建州（福建建瓯）、韶州（广东曲江）、象州（广西象州）。福州的茶生闽县方山的北面。

其思、播、费、夷、鄂、袁、吉、福、建、韶、象十一州，未详。往往得之，其味极佳。

思、播、费、夷、鄂、袁、吉、福、建、韶、象这十一州所产的茶，还不大清楚。往往得到时，觉得味道非常之好。

中国茶区分类简史

陆羽在《茶经》中把茶区按照行政单位郡、州分为 8 个大区：山南、淮南、浙西、剑南、浙东、黔中、江南和岭南。排名根据茶的好与次，这都是陆羽以及他周边的同好说了算。他实地考察过的地方以及熟悉的地方就说得比较细。

南宋时茶区从唐代的 43 个州扩展为 66 个州、242 个县。产量以四川的成都府路和利州路（广元一带）最多，约占全国的半数，年产量约 20 多万担。茶叶形态主要是散茶与紧压茶。

明、清以后，茶叶生产继续增长，朱元璋废团茶，散茶流行。福建、江西、安徽和浙江等地的茶叶种植逐渐成为山区农村的一种主要副业。徽州、苏州成了茶文化的中心。随着海外市场的增长，出现红茶区（销往国外）、砖茶区（销往内陆边疆以及南洋）、乌龙茶区（销往福建、南洋）、绿茶区（销往本土、日本）。

20 世纪 30 年代，吴觉农和胡浩川在 1935 年所著《中国茶业复兴计划》一书中，根据茶区自然条件、茶农经济状况、茶叶品质好坏、分布面积大小及茶叶产品的出路等，系统地将全国划分为 13 个茶叶产区，其中外销茶 8 个区，内销茶 5 个区。有部分内容在吴觉农 1987 年版的《茶经述评》里有所保留，然而在 2019 年的新版中被整体删除了。理由是不合时宜。

陈椽在《茶树栽培学》（1948）一书中，根据山川、地势、气候、土壤、交通运输及历史习惯，将中国划分为 4 个茶区：浙皖赣茶区、闽台广茶区、两湖茶区、云川康茶区。

庄晚芳在《茶作学》（1956）一书中，根据地形、气候与茶叶生产特点，分了 4 个茶区：华中北区，包括皖北、河南和陕南等地；华中南区，主要是长江以南的丘陵地带，包括江苏、皖南、浙江、江西、湖北、湖南北部等地；四川盆地和云贵高原区，主要是四川、云南、贵州；华南区，包括福建、广东、广西、台湾和湖南南部等地。

王泽农在《我国茶区的土壤》（1958）一文中，主要根据土壤与气候条件，划分出 3 大茶区：华中区，长江中下游地区；华南区，包括东南沿海及西江流域；华西区，包括云贵高原、川西山地、秦岭山地及四川盆地。

《中国茶叶》编辑委员会在《中国茶叶》（1960）文稿中，根据茶树分布、生长情况以及气候、土壤等特点，并考虑到各省区原有茶叶生产状况，将中国茶叶产地划为 4 大茶区：北部茶区、中部茶区、南部茶区和西南茶区。

浙江农业大学在《茶树育种学》（1964）一书中，根据全国农业区划的初步意见和中国茶叶生产特点，将全国划分为 4 大茶区：华北区，包括皖北、河南、陕西等地；华中南区，包括浙江、江苏、皖南、江西、湖北、湖南北部等地；华南区，包括台湾、福建、广东、广西及浙江、江西、湖南南部等地；西南区，包括四川、云南、贵州等地。

其他划分方法林林总总还有很多，大部分都是为了满足教学需求，没有什么过硬的指标。

现在的茶区，是消费者自己划出来的。仔细琢磨，其实是又回到了清代的消费归类。绿茶是每个产茶区都有的；红茶区是特有的几个区域，比如武夷山、凤庆、祁红等；乌龙茶区主要是福建与台湾；黑茶是安化、六堡与雅安；白茶区是福鼎与政和，最近几年白茶火，各地都在做白茶，尤其是贵州产茶的地方都在做白茶。

各个省的茶综合实力最新的排名是福建、云南、湖南、湖北以及浙江。福建多年雄踞第一，有三大原因：一是产品类型丰富，二是人才济济，三是渠道通畅。十个卖茶人，九个出安溪。传统茶叶销售渠道比如各地的茶城，98% 是安溪人创办的，电商时代也是福建人独领风骚。云南茶能后来居上，一是资源的优势，比如独一无二的古茶树资源；二是产品的独特性，有不过期的"越陈越香"的属性；三是文化创新，茶马古道网络贯通东南亚。令人遗憾的是，像安徽、四川这样的著名茶区，现在还没有找到好的发展思路。

九
之
略

原文译注

其造具。若方春禁火之时，于野寺山园，丛手而掇，乃蒸、乃舂、乃炙，以火干之。则又棨、扑、焙、贯、棚、穿、育等七事皆废。

造具类。如果正当春季寒食禁火前后，在野外寺院茶园里，大家一齐动手采摘，当即蒸、捣、舂、炙，再用火烘烤。那么，锥刀、竹鞭、焙坑、细竹条、棚架、细绳索、茶育等七种工具以及制茶的这七道工序都可以不要了。

其煮器，若松间石上可坐，则具列废。用槁薪、鼎钖（lì）之属，则风炉、灰承、炭挝、火夹、交床等废。若瞰泉临涧，则水方、涤方、漉水囊废。若五人以下，茶可末而精者，则罗废。若援藟（lěi）跻（jī）岩，引絙（gēng）入洞，于山口炙而末之，或纸包，合贮，则碾、拂末等废。既瓢、碗、夹、札、熟盂、醆篮悉以一筥盛之，则都篮废。

煮器类。如果在松间，有石可坐，那具列可以不要。如果用干柴鼎锅之类烧水，那风炉、炭柎、火夹、交床等都可不用。若是在泉上溪边，则水方、涤方、漉水囊也可以不要。如果是五人以下出游，茶又可碾得精细，就不必用箩筛了。倘若要攀岩爬藤，引绳入洞，先在山口把茶烤好捣细，用纸盒包好，碾、拂末也就用不着了。要是瓢、碗、夹、札、熟盂、盐都用筥装，都篮也可以省去。

但城邑之中，王公之门，二十四器阙一，则茶废矣。

但在都市，在王公贵族之家，如果二十四种器皿中缺少一样，这茶就没法喝了。

［明］唐寅《事茗图》（局部）

十之图

原文译注

　　以绢素或四幅、或六幅分布写之，陈诸座隅，则茶之源、之具、之造、之器、之煮、之饮、之事、之出、之略，目击而存，于是茶经之始终备焉。

　　用白绢四幅或六幅，把饮茶之要分别写出来，张挂在座位旁边，不外乎茶源、茶具、制法、茶器、泡法、饮法、茶事、产地以及场景，目击而存，茶的从头到尾的秩序就齐备了。

《茶经》的"经"

我们今天谈陆羽，一定不要只看到茶，还应看到更多。过去太重视茶，往往忽略了茶之外的很多东西。比如《茶经》的这个"经"。史学家章学诚在《文史通义》里就说，陆羽写本玩茶的书，怎么会好意思叫"茶经"呢。

茶经的"经"最开始并不是今天通俗意义上的"经典"的"经"，也不是"经史子集"的"经"，陆羽的《茶经》按照当时的理解应该是"经纪"的"经"，"经纪"就是安排的意思。

"茶经"就是让茶有秩序。经的本意是经线，我们经常说的经纬，指的是经线与纬线，横的是纬线，竖的是经线，线做好了，往织布机上一摆。现在介绍一个地方，经常要说经度多少、纬度多少，就是确定位置。

经纬自然也就是指天地万物的秩序，在古代中国，特别用来指治理天下。就像六书，一开始也不是什么"经"，可是从孔子时代开始就变成"经"了。后世不断有人添加，出现了九经、十三经等。今天我们看唐代的这本《茶经》，只知道其经典的一面，反而淡忘了其"经纪"的一面，所以要特别指出来。

过去写的《山海经》《周易》等是指传记，是解释以前的事情。

　　《茶经》有一些章节很重要，但是过去没有注意，像《九之略》、《十之图》。陆羽的出身、茶在南方是什么样子、生长在哪些地方、出产地是哪些、茶是怎么做的、怎么评饮茶，这些都是讲得比较多的，但是《九之略》和《十之图》的讲解，我在所有书上看到的比较少。谈了半天茶怎么沏、怎么制作，到《九之略》的时候，开始看环境。如果环境不一样，所有的东西都能忽略，逐渐减少，但到了大户人家又是一个都不能少的。法门寺地宫出土的宫廷茶具，就说明了这点。

　　我有过一段很规范的茶日子。出门的时候，要带易武地区十年以上的解块老茶，日式的茶叶铜罐，宜兴西施紫砂壶，四个柴烧杯，饭盘大的电磁炉，从京都购回来的老铁壶，一个水质监测仪，一杆象牙小秤，四块桌巾，加上一套长衫、两套茶人服，非要一个大行李箱不可。去的地方，也都是名山大川。为了喝一泡茶，大家真是不远万里来相会，一年就飞成了3家航空公司的金卡会员。有一天，早上还在敦煌数沙子，下午便在北京讨论用农夫山泉泡茶的适宜与否，晚上已经在广州酒楼大快朵颐。

　　现在好了，各地泡茶工具都备齐了，美轮美奂的茶馆越来越多，再也不用那么操心。我的意思是，陆羽在他那个时候，也会有人觉得他很"装"，很做作，不就是喝茶么？陆羽的回答也许是"就是为了喝茶才得这样啊"。就因为大部分人只会把茶放进粥里，放进壶里，放进杯里，所以陆羽才发明了一套又一套的工具，来把我们

213

从俗世中搜拉出来。

用绢素写茶经，陈诸座隅，目击而存，陆羽说的就是我们喝茶需要找个主题，做海报（挂画），邀约人，认真对待，喝了还不算，还要作画、作诗，把这一天的经历写出来。我们每周举办的"茶业复兴"沙龙不就是这样？有人泡茶，有人送茶，还有人专门照相，有人主持，有人讲话，还有人记录，最后还要发表。美好的茶事活动存下来，并广而告知，这就是陆羽在《茶经》里告诉我们的。

需要说的一点是，从宋代开始，画画就职业化了。你是我的制作人，我就把我的画给你，我是名义上的作者，但是钱是归你的，你按个章就是你的。画传到日本后，因为字与画是分开的，经过不同人的手笔，就被剪成小画，剪成两半，字是字，画是画，适用于不同茶室的风格。

"目击而存"，我怀疑漏了一个字，如果是"目击而道存"的话，就是形容人悟性高，眼睛相看，便知彼此心志，表示不必再以言语去沟通，也用来形容个人具有很高的道德修养，人们一接触便能感受得到。不过，有没有这个字都不影响我们对这段文字的理解。

"目击而道存"语出《庄子·田子方》，这个故事值得讲讲。

温伯雪子往齐国去，途中寄宿于鲁国。鲁国有个人请求见他，温伯雪子说："不可以。我听说中原的君子，明于礼义而浅于知人心，我不想见他。"到齐国后，返回时又住宿鲁国，那个人又请求相见。温伯雪子说："往日请求见我，今天又请求见我，此人必定有启示于我。"于是出去见客，回来就慨叹一番，第二天又见客，回来又慨叹不已。他的仆人问："每次见此客人，必定回来慨叹，为何呢？"他回答说："我本来已告诉过你，中原之人明于知礼义而浅于知人心，刚刚见我的这个人，出入进退一一合乎礼仪，动作举止蕴含龙虎般不可抵御之气势。他对我直言规劝像儿子对待父亲般恭顺，他对我指导又像父亲对儿子般严厉，所以我才慨叹。"孔子见到温伯雪子一句话也不说，子路问："先生想见温伯雪子很久了，见了面却不说话，为何呀？"孔子说："像这样的人，用眼睛一看而知大道存之于身，也不容再用语言了。"

《世说新语·栖逸》中，刘孝标注引《竹林七贤论》："籍归，遂著大人先生论，所言皆胸怀闲本趣，大意谓先生与己不异也。观其长啸相合，亦近乎目击道存矣。"

陆羽除了喝茶外，最喜欢干什么？就是长啸与号啕。陆羽是一个读了很多书、以陆子自居的人，想以茶去教化天下，又是一个性格鲜明的人，经常喝茶中途就拂袖而去，大有魏晋名士风范。

喝茶是日常行为，仪式感很重要。很多人不清楚佛家体系的教义，佛经多难啊，但是不断地磕头，不断地转珠子、念阿弥陀佛，也能够成佛，所以形式大于教义，这是我的理解。

喝茶也是这样，你端起杯子，不断端起杯子，茶味自在其中。更何况，你参加茶会，要报名，要签到，要看课件，要听山山水水的介绍，要记录从第一泡到最后一泡的口感变化，要拍照，要发微信微博，这些都是"经"的部分。但还是陆羽说得好啊，"目击而存"，茶好不好，还是要接触一下，遇到好的茶就像遇到一位得道高人，喝一口看一眼心便热乎起来。即便不是，遇到一位赏心悦目的人，也是极好的。

还是喝茶好。

［明］仇英《赵孟頫写经换茶图卷》（局部）

后记

汪命说，像读书一样喝茶，有必喝之茶也有必读之书，是为《茶经》。

正因为有大量像汪命一样既好茶又喜读书之人，我才觉得有再释《茶经》的必要。

诚恳地说，《茶之基本》是我写作历时最久、耗资最多，也最损精力的一本。首先读前辈的书就花了很长时间，又在各个版本中选出最恰当的某个字，最后再赋予这些表达当代的力量，这有效避免了个人狂妄与欺世盗名。

写这本书时，我怀着为往圣继绝学的强烈使命感。

直到校正完书稿，做完笔记，我终于读出茶道的精髓：

只有自己先成为艺术家，茶道才能成为艺术。

换言之，人是目的而不是手段。

在当下日常饮茶行为里，茶道降格为一种表演的艺术，茶汤只是亲近人的一种手段。但在陆羽时代，他的茶道与颜真卿的书法是并驾齐驱的艺术，陆羽当然是与颜真卿一样了不起的艺术家。当宋徽宗在写字的时候，他一定是把毛笔当作了茶筅；而当他斗茶的时候，也一定是把茶筅当作毛笔。

墨下江山，水上丹青。

贡布里希感慨地说，没有艺术，只有艺术家。

仅仅会泡茶，还不能算是艺术家。陆羽的经历告诉我们，在成为一位茶道艺术家之前，首先要学会读书。对后世茶人而言，也许只要读一本《茶经》就够了。但问题是，如果你读的版本有错误怎么办？

选一个好的版本尤其重要。

您眼前的这本书，是我潜心钻研 15 年，参考古今 40 多种重要版本的阶段性成果。

本书提供了 30 余篇读《茶经》的笔记，事无巨细地讲解了茶的立体面，既阐释了陆羽的饮茶智慧，又讲透了饮茶的日常哲学。

这也是一本人人都看得懂的《茶经》，古文零基础，也能轻松读完。

在写作过程中，《茶业复兴》主编罗安然做了大量的校订工作，本书责编核实多个版本，我们一起为《茶经》寻找一种恰当的表述。出版人陈垦在为这本书的封面字体选定颜真卿书法那天，我刚好在西安碑林观摩《多宝塔碑》。

在本书出版过程中，我得到了很多朋友的支持与帮助，在此记录下他们的义举与善意。

让茶集团·舒义

嘉木老茶仓·汪命

彩赋茶学院·贾红丽

东和茶叶·陈军日

燕语茶业·海燕

广润世达·张简之

芒噶拉茶业集团·班汉锋

吉普号·张宇

云门天成·廖天文

极边乌龙

福海茶厂·杨新源

正和茶庄·陈佳奇

云南茶叶批发市场·沈彦华

周重林

2020 年 12 月 15 日